Christoph Quarch

Wacher Geist und fester Schritt

The Donkey School for Leadership

Inhalt

»Verflucht ist jedes Reich, unglücklich jedes Land, verlassen die Stadt und das Haus, woraus der Esel verbannt, entfernt, vertrieben ist! Wehe jedem Sinn, jedem Gewissen, jeder Seele, wo kein Anteil vom Eseltum vorhanden!«

(Giordano Bruno)

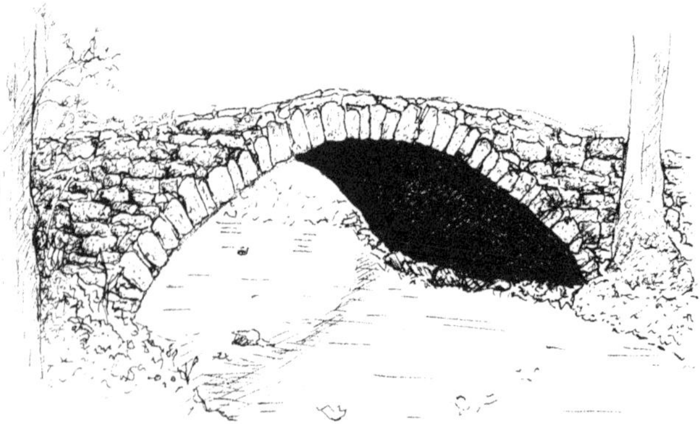

VORWORT

Esel sind kluge Tiere. Sie wissen, was sie können, und sie vertrauen ihrer Kraft. Sie sind enorm belastbar. Sie meistern auch die schwierigsten und steilsten Wege – sofern ihnen der Grund, auf dem sie gehen, geheuer ist. Wenn sie auch nur den Anflug eines Zweifels an der Sicherheit des Weges haben, rühren sie sich nicht mehr von der Stelle. Dann sind sie stur. Dann kann der Eselstreiber fluchen, wie er will: Der Esel geht nicht weiter. Er scheut, und er tut gut daran, denn auf diese Weise hat er schon so manchen Leichtsinnigen vor Unheil bewahrt; auch wenn er sich dadurch das falsche Image eines dummen Sturkopfs eingehandelt hat, der sich nur mit großer Mühe führen lässt.

Dass Esel renitente Wesen sind, die sich nur ungern führen lassen und an denen menschliche Eselstreiber deshalb ihr ganzes Können aufbieten müssen --- ist ein grobes Missverständnis: eine Verwechslung von Führer und Geführtem. In Wahrheit ist es so: Esel müssen nicht geführt werden. Esel brauchen keine Treiber. Sie brauchen niemanden, der sie führt oder treibt, denn sie selbst sind die geborenen Führungskräfte. Beduinen wissen das: keine Kamel-Karawane, an deren Spitze nicht ein Esel gehen würde. Auch der Mensch ist gut beraten, sich der Führung eines Esels anzuvertrauen, anstatt dem Irrtum zu erliegen, dass er selbst als Führer oder Treiber einem Esel sagen könnte, wo es langgeht. In Wahrheit führt ein Esel unbemerkt selbst jene noch, die sich einbilden, mit ihrer überlegenen Kraft und Klugheit einen Esel führen zu können. Vielleicht gehörst auch du zu diesen Führungsverantwortlichen, denen Coaches und Ausbilder einbläut haben, ein echter Leader müsse einem Löwen gleichen: stark, zielstrebig, laut ... und gefährlich. Vielleicht erscheint es dir deshalb absurd, dass du ausgerechnet von Eseln etwas über Führungskompetenzen lernen kannst.

Es mag wohl sein, dass es einmal eine Zeit gab, zu der es sinnvoll war, sich als Führungskraft wie ein Löwe zu gebärden. »Gut gebrüllt, Löwe« war dann ein Lob, über das man sich freuen konnte. Aber ob es dir nun passt oder nicht: Diese Zeit ist vorbei. Im Zeitalter von New Work und Fachkräftemangel brauchst du als Entscheider und Verantwortlicher keine Raubtierqualitäten, sondern genau die sozialen Kompetenzen, von denen wir in diesem Buch erzählen werden. Sie sind unscheinbar und stehen in der Welt der Löwen nicht sehr hoch im Kurs. Aber wenn du sie einübst, wirst du es früher oder später zu der eigentlichen Meisterschaft der Führungskunst bringen, die du dir nirgendwo sonst so gut abgucken kannst wie bei einem Esel: die Kunst, den Menschen das Gefühl zu geben, selbst die Führung innezuhaben, während sie doch in Wahrheit die Geführten sind.

Esel wissen, was sie können – und wenn sie sich nicht ganz sicher sind, dann scheuen sie. Esel meiden deshalb seichtes Wasser. Können sie den Grund nicht sehen, bleiben sie beharrlich vor dem kleinsten Bachlauf stehen. Dann hilft kein Wettern und Zerren – dann bleibt nur der Bau einer Brücke: einer Eselsbrücke, selbst wenn das den Eselstreiber Zeit und Mühe kostet. Eine Eselsbrücke führt am schnellsten zum gewünschten Ziel: Ist sie auch noch so leicht gebaut, der Esel wird sie überschreiten und seine Last hinübertragen.

Unter *Eselsbrücke* versteht man in der deutschen Sprache einen Merksatz, der es erlaubt, sich leichter etwas einzuprägen. Doch ist die Eselsbrücke nicht nur das, sie dient auch dem Verstehen. Sie schlägt die Brücke zwischen einem Satz und dem, was er bedeutet. Sie überbrückt die Kluft des Nichtverstehens, indem sie kurz und bündig zu verstehen gibt, was etwas sagen will.

In diesem Büchlein findest du eine Reihe solcher Eselsbrücken, die dir auf deinem beruflichen

Weg als Führungsverantwortlicher oder -verantwortliche behilflich sein können – wenn du denn den Mut aufbringst, diesen Weg mit den Qualitäten eines Esels zu gehen. Was sind diese Qualitäten? Sie reichen von Achtsamkeit bis Zusammenarbeit. Sie erlauben dir, wie ein Esel an dein Ziel zu kommen: mit wachem Geist und festem Schritt.

Wir stellen dir diese Qualitäten vor, indem wir dir von prominenten und weniger prominenten Eseln und Eselinnen erzählen. Teils entstammen sie der Literatur, teils sind sie der Kinoleinwand entsprungen. Stets aber werden an ihnen Führungsqualitäten sichtbar, die du für deinen Arbeitsalltag als innovative und zukunftsfähige Führungskraft nutzen kannst. Mögen sie dir als Eselsbrücken hilfreich sein.

Nun wünschen wir viel Freude mit unseren »Eseleien«!

Herzlich
Christoph Quarch und Christine Teufel

Achtsamkeit

Ein Esel hört und sieht gut hin,
aufs Tunliche lenkt er den Sinn.

Bileams Eselin aus dem Alten Testament

Sie ist die Meisterin der Achtsamkeit – sieht, was ihr Herr nicht sieht, bewahrt ihn so vor Schaden. Und das, obwohl er dreimal auf sie einschlägt – obwohl er droht und flucht und seine Gerte schwingt. Die Eselin weicht dennoch vor dem Engel aus, der mit gezücktem Schwert den Weg verstellt: den Bileam, ihr Herr, nicht sieht; weil er nicht achtsam ist und nicht erkennt, was vor ihm ist.

Beim ersten Mal wich sie dem Engel aus aufs Feld, beim zweiten Mal drängte sie sich an die Mauer eines Weinbergs, sodass sie Bileam den Fuß einquetschte. Der schlug das kluge Tier darauf noch heftiger, und dann, als sie beim dritten Mal vorm Engel in die Knie ging, schlug er die Eselin mit seinem Stecken. Erst dann geschieht das Wunder:

»Da tat der Herr der Eselin den Mund auf und sie sprach zu Bileam: Was hab ich dir getan, dass du mich nun dreimal geschlagen hast? Bileam sprach zur Eselin: Weil du Mutwillen mit mir treibst! Ach, dass ich jetzt ein Schwert in der Hand hätte, ich wollte dich töten! Die Eselin sprach zu Bileam: Bin ich nicht deine Eselin, auf der du geritten bist von jeher bis auf diesen Tag? War es je meine Art, es so mit dir zu treiben? Er sprach: Nein. Da öffnete der Herr dem Bileam die Augen, dass er den Engel des

Herrn auf dem Wege stehen sah mit einem bloßen Schwert in seiner Hand, und er neigte sich und fiel nieder auf sein Angesicht. Und der Engel des Herrn sprach zu ihm: Warum hast du deine Eselin nun dreimal geschlagen? Siehe, ich habe mich aufgemacht, um dir zu widerstehen; denn dein Weg ist verkehrt in meinen Augen. Und die Eselin hat mich gesehen und ist mir dreimal ausgewichen. Sonst, wenn sie mir nicht ausgewichen wäre, so hätte ich dich jetzt getötet, aber die Eselin am Leben gelassen.« *(Num 4.22)*

Welch hohes Lob ergeht hier von Engels Zunge an die Eselin! Es ist ein Lob der Achtsamkeit, mit der sie sah, was vor ihr ist; mit der sie ihren Herrn bewahrte; mit der sie dafür Sorge trug, dass er nicht unbedacht zu Schaden kommt. Wer wünschte sich nicht eine solche acht- und wachsame Gefährtin?

o o o

Achtsamkeit ist aller guten Führung Anfang; denn durch Achtsamkeit wird dir bewusst, was ist. Achtsamkeit erschließt die Wirklichkeit. Sie ist dein Realitätssinn. Ohne sie kannst du nicht wissen, wen du wann in welcher Situation zu welchem Ziel hinführen kannst und sollst und manchmal musst. Sie öffnet dir die Augen und die Ohren. Sie befreit dich aus der Trance der täglichen Routinen oder Konventionen. Sie befreit dich ebenso aus dem Gefängnis deiner Selbstbezüglichkeit; denn sie richtet deinen Blick aufs Wesentliche: weg von dir und deinen eigenen Bedürfnissen, Interessen und Befindlichkeiten – hin zu dem, was jetzt und hier zu tun ist; konkret, in diesem Augenblick; für andere, fürs Unternehmen, die Gesellschaft – für die Menschen.

Meisterhafte Führungskunst bedeutet hinzusehen – auch das zu sehen, was an der Oberfläche kaum erkennbar ist; auch wenn es nicht gleich – wie bei Bileams Eselin – ein Engel sein muss. Meisterhafte Führungskunst bedeutet auch, gut hinzuhören – auch das zu hören, was zwischen den Worten gesagt ist. In der Achtsamkeit des Sehens und des Hörens erschließt sich dir nicht nur, was ist, sondern auch das Tunliche. Beides erschließt sich so, dass es zur Weisung wird. Wer achtsam an die Arbeit geht, erhält kostbarste Winke, die seiner Führung die Richtung geben. Achtsamkeit ist die Essenz aller guten Entscheidungen.

Achtsamkeit ist in unserer Welt nicht selbstverständlich. Ihr Gegenteil ist die Zerstreuung, die uns durch eine allgegenwärtige und mächtige Zerstreuungsindustrie fortwährend angedient wird.

Wer sich zerstreut, wird aber niemals achtsam sein. Achtsamkeit bedeutet vollständige Präsenz – physisch, emotional und mental: ganz gegenwärtig sein beim Gegenüber, ganz gleich, ob es sich um einen Menschen, ein Dokument oder eine Situation handelt. Wer achtsam ist, lässt sich nicht ablenken und schweift nicht ab. Wer achtsam ist, gibt acht auf alles, was sich Jetzt und Hier ereignet: im Unternehmen, auf dem Markt, in der Gesellschaft. Wer achtsam ist, ist auch bei Sinnen und kann deshalb sinnvoll handeln und entscheiden. Das verleiht dem Achtsamen Respekt und Achtung. Achtsamkeit ist ein zuverlässiger Weg zu echter und bleibender Autorität, die nicht daraus erwächst, dass du deinen Willen durchsetzt, sondern genau das tust, was hier und jetzt zu tun ist.

BEHARRLICHKEIT

Der Esel gibt so schnell nicht auf,

beharrlich folgt er seinem Lauf.

Gribouille, der graue Freund von Andy Merrifield

Für Andy Merrifield ist Gribouille nicht nur ein Wanderfreund und Lasttier. Vor allem wird ihm der Esel zu einem Lehrer: zu einem Weisheitslehrer, um genau zu sein. Denn bei der Reise, die der britische Wissenschaftler und Autor mit Gribouille durch die Auvergne unternimmt, erweist sich sein Begleiter wieder und wieder als Meister echter Lebenskunst, namentlich als Meister der Entschleunigung, Beharrlichkeit und Ausdauer. Bei der ersten Begegnung des Autors mit seinem Gribouille erscheint er ihm als »der friedfertigste Esel, den man sich nur vorstellen kann, mit dem seelenvollen Blick eines Jagdhundes, voller steiler Melancholie. Er war so unvorstellbar sanft bei unserer ersten Begegnung, er schien mir wie das Heilmittel, da Gegengift zu einer aus dem Ruder gelaufenen Welt, einer Welt, die zu meiden ich beschlossen hatte. Er war genau der Gefährte, mit dem ich ihr entfliehen wollte.«

Gemeinhin wird dem Esel Sturheit nachgesagt. Und eben das hat ihn in schlechten Ruf gebracht. Er gilt als dumm und störrisch, eigensinnig oder faul. Doch nichts von alledem ist wahr. Ein Esel denkt nur gründlich nach, bevor er etwas angeht. Er lässt dabei so lange nicht locker, bis er eine Lösung findet. Und wenn er keine findet, bleibt er einfach stehen. Nicht weil er dumm ist, sondern weil es keine Lösung gibt. Gäbe es eine, würde er sie finden – oder wird er sie finden, wenn man ihm die Zeit lässt, die er dafür braucht.

Einmal, erzählt uns Andy Merrifield in seinem Buch *Die Weisheit der Esel*, blieb Gribouille vor einem umgestürzten Baumstamm stehen. Das Gelände ist steil und abschüssig. Zu allem Überfluss taucht auch noch eine Wandergruppe auf: »Mein Freund hat nun ein Publikum, während er mit seinem Maul den Baumstamm erkundet, ihn beschnuppert und dann ein schlankes Bein hebt, probehalber. Er befindet sich zu nahe am Abgrund und weicht zurück, wohl wissend, dass sich diese Stelle nicht zum Überqueren des Hindernisses eignet. Der Baumstamm ist an diesem Ende zwar dünner, aber vom Steilhang droht Gefahr. Deshalb steckt er die Nase ein Stück weiter oben ins Geäst, weg vom Abgrund, und hebt das Bein abermals, dieses Mal höher. Er fühlt sich offenbar immer noch nicht sicher, weicht abermals zurück. Alle schauen zu, fasziniert, gebannt von einem Esel, der beharrlich nach einer Problemlösung sucht. Nachdem er ein paar Minuten nachgedacht zu haben scheint, fasst er sich ein Herz und setzt mit einem eleganten, präzisen hohen Schritt ein Vorderbein auf die andere

Seite ... es folgt das andere ... und dann zieht er seine Hinterbeine nach, eins nach dem anderen. Er hat es geschafft, hat das Hindernis überwunden.«

Die Anekdote ist deshalb so schön, weil sie erkennen lässt, dass Esel ihren eigenen Rhythmus haben. Es wäre sinnlos, ihnen unser eigenes Tempo aufzuschwingen. Man muss dem Esel folgen, wenn man ans Ziel gelangen will. Von Gribouille lernt sein Führer: »Wenn es ein Problem gibt und ein Esel sich weigert weiterzugehen, hat das immer einen Grund. Oft ist es der Esel, der die Lösung findet. Er wird sich nicht vom Fleck rühren, bis es so weit ist. Er muss von allein darauf kommen.«

Und wenn er darauf kommt, dann ist der Esel unbeirrbar. Plinius der Ältere behauptete sogar, dass eine Eselin durchs Feuer gehe, um ihre Lieblinge zu schützen. So weit reichen eines Esels Treue und Beharrlichkeit. Und Conrad Gessner, der im 16. Jahrhundert ein Geschichtsbuch über Tiere schrieb, lobte die Zähigkeit des Esels über alle Maßen: »Die Arbeit richtet ihn nicht bald hin.«

o o o

Beharrlichkeit ist eine Tugend, die dich durch die Zeiten trägt: durch gute Zeiten und durch schlechte Zeiten, durch Zeiten strahlenden Erfolgs genauso wie durch Zeiten bitterer Niederlagen. Sie hat viel mit Ausdauer zu tun: mit der Fähigkeit, an etwas dranzubleiben, nicht zu schnell zu resignieren oder aufzugeben. Wenn du beharrlich bist, dann machst du weiter, selbst – oder gerade – wenn dir Hindernisse in den Weg gelegt werden. Du bist zäh und konsequent. Und den Menschen, die dir anbefohlen sind, begegnest du mit Treue und Loyalität.

Beharrlichkeit ist etwas anderes als Starrsinn. Es ist wichtig, sich das klarzumachen, denn die beiden sehen sich von außen zum Verwechseln ähnlich. Dabei sind sie grundverschieden. Wer beharrlich ist, verhält sich ganz so wie der Esel Gribouille: Da ist ein Hindernis vor dir. Du kannst es nicht umgehen. Nein, du musst es überwinden. Aber wie? Wärest du starrsinnig, würdest du dagegen anlaufen, bis es dir weicht – oder bis du aufgibst und umkehrst. Unser Esel aber ist beharrlich. Er hat sein Ziel im Auge; oder will zumindest den begonnenen Weg fortsetzen. Und nun erprobt er unterschiedliche Optionen. Er versucht dies und das. Er lässt nicht locker, bis er die Lösung des Problems gefunden hat. Dieses Verhalten ist nicht starrsinnig. Im Gegenteil: Es zeugt von einem hohen Maß an geistiger Beweglichkeit und Flexibilität.

Wer beharrlich ist, verschließt sich deshalb nie den Ratschlägen, die andere ihm erteilen. Beharrliche Menschen hören zu, sie sind empfänglich, denn sie wollen nichts unversucht lassen. Am Ende aber treffen sie ihre Entscheidung, sie allein vor dem Horizont dessen, was sie an Information und Empfehlung gesammelt haben. Sie entscheiden nach Maßgabe dessen, was die Situation gebietet und was sie selber leisten können – wie Gribouille, der erst den Baumstamm prüft und dann sich selbst. Achtsamkeit und Selbsterkenntnis sind die Eltern der Beharrlichkeit. Fehlen diese beiden, dann besetzt der Starrsinn ihren Platz.

Beharrlichkeit ist so gesehen das eigentliche Geheimnis dessen, was man heute Resilienz nennt. Sie erlaubt es dir, zwei scheinbar gegensätzliche Qualitäten zu verbinden: Zähigkeit und Flexibilität. Wenn du beharrlich bist, treffen sie sich in deinem Herzen – dort, wo deine Liebe wohnt, deine Begeisterung zu Hause ist. Diese beiden weisen dir den Weg. Diese beiden nähren die Beharrlichkeit in dir. Diese beiden lassen dich dranbleiben – und zwar ohne, dass du dich dabei verbiegen oder gar verleugnen müsstest. Diese beiden sind die Quelle jeder guten Führung. Und sie zeigen sich in ihrer ganzen Kraft und Schönheit, wo du mit Beharrlichkeit und Konsequenz, ausdauernd und doch flexibel, auf dem Weg vorangehst – und dich dabei durch die Hindernisse oder Stolpersteine, denen du unweigerlich begegnen wirst, nicht beirren lässt.

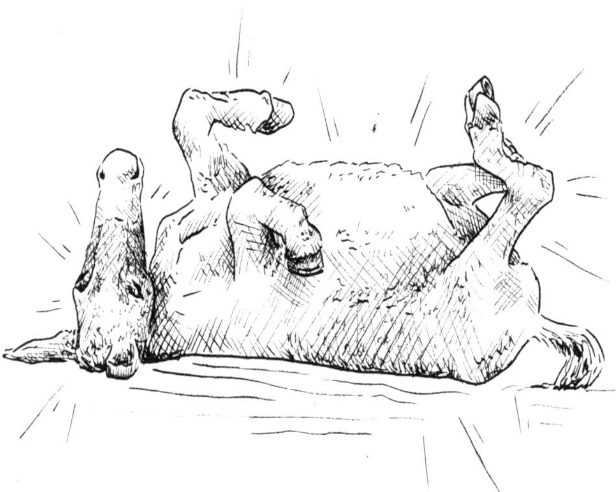

BEWEGLICHKEIT

Der Esel will sich regen.

Du solltest ihn bewegen.

Sherman, der rennende Esel von Christopher McDougall

Als Christopher McDougall seinen Esel zum ersten Mal sieht, gibt dieser ein Bild des Jammers ab: ein völlig verwahrlostes Geschöpf, abgemagert, krank, mit verfaulten Zähnen und verwachsenen Hufen. »Das Barmherzigste wäre es, ihn sofort einzuschläfern«, meint denn auch Christophers eselkundiger Nachbar Scott, nachdem er das geschundene Tier einer ersten Untersuchung unterzogen hat. Aber das würde Christopher dann doch zu weit gehen. Er hatte eingewilligt, den Esel in die Pflege zu nehmen, nachdem herausgekommen war, dass ein Mann aus der Nachbarschaft das Tier seit Monaten nicht mehr versorgt, geschweige denn gepflegt hatte. Und so beschließen beide Männer, den Esel wieder aufzupäppeln, und eine wunderbare Freundschaft zwischen Mensch und Tier beginnt: zwischen Christopher und Sherman, wie er seinen neuen Haus- und Hofgenossen bald schon nennen wird.

Aber zunächst gilt es, den grauen Patienten zurück ins Leben zu bringen. Und dabei hilft Scotts Frau Tanya, ihres Zeichens Tierärztin. Mit ihrer Hilfe kommt der gute Sherman langsam wieder auf die Beine – und Christopher bekommt eine

Aufgabe: »›Und eins noch‹, sagte sie. ›Wenn er durchkommt, kannst du ihm nicht einfach eine Schleife um den Schwanz binden wie I-Aah aus *Pu der Bär* und ihn auf einer Weide versauern lassen. [...] Du musst seinem Leben einen Sinn geben. Ihm eine Aufgabe geben.‹«

Leichter gesagt als getan. Man kann sich denken, dass Christopher keine Ahnung hat, wie er dem Leben seines Sherman einen Sinn verleihen könnte – welche Aufgabe dem Esel neue Kraft verleihen würde. Lange Zeit tappt er im Dunkeln, bis ihm dämmert, dass nicht er selbst, sondern allenfalls Sherman Antworten auf diese Fragen finden kann. Und so beginnt er, den langsam genesenden Esel genauer zu beobachten. Er, der sich zunächst als Therapeut und Trainer Shermans sah, vertraut sich nunmehr *dessen* Führung an. Und es dauert nicht lange, bis ihm klar wird, was für seinen Sherman Sinn und Aufgabe des Esellebens ist: etwas, das seinem Naturell entspricht, das seinem Wesen genügt, das in seine DNA graviert ist: »Mein Bauchgefühl sagte mir, dass das Einzige, was Sherman retten konnte – das Einzige, was er mehr brauchte als Zuneigung [...] –, Bewegung war.« Und Christopher begründet dieses Bauchgefühl mit einem Grundprinzip des Lebens, das er bei sich selbst schon oft erfahren hat: »Bewegung ist ein machtvolles Heilmittel, ein Signal an jede Zelle unseres Körpers, dass, egal welche Schäden er davongetragen hat, wir trotzdem bereit sind, ihn wieder aufzubauen, uns dem Tod zu entziehen und ins Leben zurückkehren.«

Mit dieser Erkenntnis geht ein Plan einher. Dafür holt Christopher weit aus. Er lässt seine Leser wissen, dass er Jahre zuvor Gelegenheit hatte, an einem sportlichen Wettkampf der besonderen Art teilzunehmen: einem *Burro Race* – zu Deutsch: einem *Eselsrennen* (*Burro* ist das in manchen Teilen der USA gebräuchliche spanische Wort für *Esel*). Diese bemerkenswerten Veranstaltungen haben ihren Ursprung in den 1940er-Jahren, als Bergarbeiter in den Rocky Mountains auf die Idee verfielen, ihre langsam aus der Mode gekommenen Esel einer neuen Bestimmung zuzuführen.

Christopher erzählt diese Geschichte: »Die Eselsrennen gehen [...] auf die Goldrauschzeit zurück; wenn die Goldsucher damals auf eine Goldader stießen, hievten sie ihre Ausrüstung auf einen Esel und machten, dass sie in die Stadt kamen, um dort ihren Claim registrieren zu lassen. Um 1915 gab es in den Bergen keine Goldsucher mehr, doch die Esel waren geblieben. Der Bergbau war tief in die Erde verlagert worden; jetzt baute man keine Edelmetalle mehr ab, sondern Industriemineralien, und die kompakten, ausgeglichenen kleinen Esel, die nicht bei der kleinsten Explosion durchgingen, wurden immer noch gebraucht, um die schweren Loren an die Erdoberfläche zu ziehen.« An den Wochenenden aber, wenn Esel und Menschen freihatten, wurden die Tiere einer anderen Bestimmung zugeführt: Man veranstaltete Wettkämpfe, bei denen die Eselstreiber als Tandem mit ihren Eseln, die dafür mit der üblichen Goldgräberausrüstung beladen wurden, ein Wettrennen bestritten. Diese Wettkämpfe wurden mit der Zeit immer anspruchsvoller, »bis die Teilnehmer im Jahr 1949 vor einer gewaltigen Herausforderung standen: Jeder, der dumm genug war, sein Glück zu versuchen, war eingeladen, mit seinem Esel eine knapp vierzig Kilometer lange Strecke vom *Silver Dollar Saloon* auf einen knapp 4000 Meter hohen Berg und auf der anderen Seite wieder herunter zum *Prunes Memorial* in Fairplay zu laufen [...]. Der Sieger konnte um fünfhundert Dollar reicher seiner Wege gehen. Vorausgesetzt, er konnte noch gehen.«

So ein Rennen, ging es Christopher durch den Sinn, wäre die rechte Therapie für Sherman; das heißt: nicht so sehr das Rennen selbst, sondern die Vorbereitung darauf, das Training. Nun, es würde zu weit führen, all die Abenteuer, die er mit Sherman auf dem langen Weg zum Wettkampftag durchstehen musste, wiederzugeben; Fakt ist: Der Plan geht auf. Sherman wird gesund, er übersteht das Rennen ebenso wie sein menschlicher Laufpartner und kommt als 29. von 52 Teilnehmern ins Ziel. Die Bewegungstherapie war von Erfolg gekrönt – und der anfangs so kranke und elende Sherman konnte zeigen, welche Potenziale in ihm steckten.

Möglich war das aber nur, weil er sich bewegen durfte; weil er sich so verhalten durfte, wie es seinem Wesen entspricht – und weil er dadurch, dass er bei sich selbst ankam, vom Geführten zum Führer wurde. Denn nicht Christopher und sein Team sind es, die Sherman am Ende ins Ziel bringen; sondern Sherman reißt sie alle mit.

o o o

Beweglichkeit liegt in der DNA des Menschen. Das verbindet uns mit Eseln. Genau wie sie sind wir die geborenen Läufer. Unser ganzer Körper ist dafür ausgelegt, weshalb er sich auch mit Gesundheit und Fitness bei uns bedankt, wenn wir ihm den nötigen Auslauf gewähren. Sitzen hingegen ist schädlich. »Das Sitzfleisch«, sagte Friedrich Nietzsche, »ist die eigentliche Sünde wider den heiligen Geist.« Das gilt nicht nur für die Führung des Lebens im Allgemeinen, sondern auch für die Führung von Menschen im Besonderen. Denn als Führungskraft bist du nur stark, wenn du im Einklang mit dir bist: mit dem Geist, deinen Gefühlen, deinem Körper – die sich alle drei nichts sehnlicher wünschen, als bewegt zu werden. Genau wie Sherman.

Aber was bedeutet das? Beweglichkeit bedeutet nicht ein blindes oder kopfloses Drauflos-Rennen. Beweglichkeit ist nicht Aktionismus, sondern Agilität. Das kannst du von Eseln lernen. Ja, sie laufen gerne, sie wollen sich bewegen; aber sie achten dabei sehr genau auf das Gelände, den Boden, die Umgebung. Sollte ihnen das Geläuf nicht recht geheuer sein, weichen sie aus. Oder sie passen ihren Schritt den jeweiligen Verhältnissen an. Eben darin stellen sie ihre Beweglichkeit unter Beweis: in der Bewegung reagieren zu können, sich anzupassen, flexibel zu sein, situationsgerecht zu reagieren; womit denn auch drei der wichtigsten Kompetenzen von Führungskräften benannt wären: Anpassungsfähigkeit, Flexibilität, praktische Urteilskraft.

Anpassungsfähigkeit ist etwas ganz anderes als Opportunismus. Anpassungsfähigkeit bedeutet, bei sich zu bleiben, sein Ziel im Auge zu behalten – aber nicht auf Weg, Methode oder Mittel festgelegt zu sein. Das kannst du nur, wenn du dein Ziel kennst und ihm treu und beharrlich folgst; und wenn du achtsam dafür bist, was um dich herum geschieht – wie sich die Verhältnisse ändern: auf dem Markt, in der Gesellschaft, in der Mitarbeiterschaft. Deshalb ist Flexibilität gefragt: umdenken, umlenken, umsteuern. Was wiederum die Fähigkeit voraussetzt, Situationen und Veränderungen nicht nur erkennen zu können, sondern auch zeitnah und entschlossen die notwendigen Maßnahmen zu ergreifen bzw. Entscheidungen zu treffen – dasjenige, was man praktische Urteilskraft nennt.

Diese Kompetenzen sind in der Welt der Unternehmen – oder auch der Politik – alles andere als selbstverständlich. Viele Führungskräfte, Manager und Unternehmer sind der Gefahr erlegen, nach einer anfänglichen Phase der Euphorie und Begeisterung in Routinen zu erstarren und in den Business-as-usual-Modus umzuschalten. Aus Visionären werden dann erst Techniker und schließlich Bürokraten – »Unternehmensverweser«, wie man sie mit einem alten Wort bezeichnen könnte. Erst werden sie träge und dann unbeweglich. Und zugleich erstarrt das Unternehmen – eine Gefahr, die vor allem dann droht, wenn du erfolgreich bist. Schon viele haben sich auf ihren Lorbeeren ausgeruht und sind dort in Bequemlichkeit erstarrt.

Doch nicht nur von dieser Seite ist deine Beweglichkeit bedroht. Noch größer ist die Gefahr, die vom anderen Extrem ausgeht: dem Aktionismus oder der Unrast. Das eben ist die kopflose Beweglichkeit, die dich nicht um eines erkannten Zieles willen in Bewegung setzt, sondern allein um des Bewegens willen. Ganz nach dem Motto: Hauptsache nicht stillstehen oder auf der Stelle treten. Was zwar zutrifft, aber unproduktiv bzw. für Führungskräfte kontraproduktiv ist, weil Führung immer voraussetzt, sein Ziel und seine Aufgabe zu kennen: sich von ihnen führen zu lassen, um andere führen zu können. Nur wenn du dich von einem Ziel, Zweck oder Purpose (und sei es die Teilnahme an einem Burro Race) in Bewegung setzen lässt, wirst du andere in Bewegung setzen. Und nur, wenn du in Bewegung bleibst, wirst du deiner Führungsaufgabe gerecht. Führung setzt Beweglichkeit voraus.

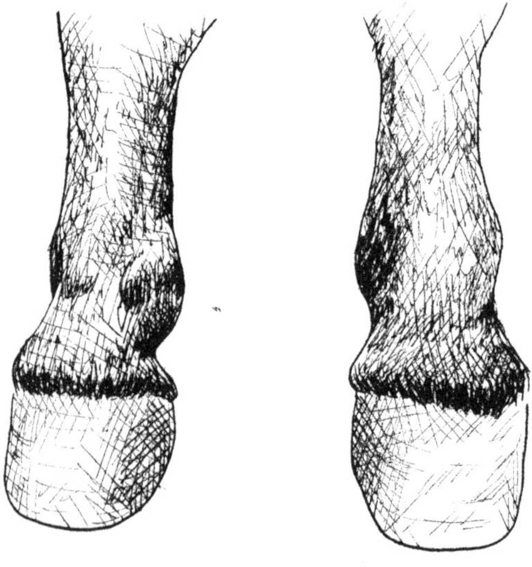

BODEN-
STÄNDIGKEIT

Ein Esel macht nie schlapp,

denn er hebt nicht ab.

Rucio, der Esel Sancho Pansas

Von Don Quixote ist bekannt, dass er in Fantasien schwelgte: Er sah sich selbst als Ritter und redete sich ein, sein alter Klepper Rosinante sei ein edles Schlachtross. Berauscht von der Lektüre seiner Ritterbücher, hatte der gute Mann die Bodenhaftung ganz verloren. So kämpfte er mit Windmühlen, weil er sie für Giganten hielt, und verliebte sich in eine Bauerstochter, in der er irrtümlich ein edles Fräulein zu verehren glaubte.

Ganz anders war sein Weggefährte Sancho Pansa. Der etwas tölpelhafte Mann war gutherzig und bodenständig. Er ließ sich nicht von Don Quixotes Wahngebilden blenden und blieb, um es mit Nietzsche zu sagen, »der Erde treu«. Genauso wie es auch sein Esel tat. Rucio – *der Graue* – hieß das gute Tier: eine treue, schlaue und vor allem ebenso mit der Erde verbundene Seele wie sein Herr.

Bodenständigkeit ist eine echte Eselstugend. Nicht dass diese Tiere unbeweglich wären; doch sie scheuen alles, was ihnen nicht ganz geheuer ist. Das Wasser ist ihnen suspekt, weshalb man Eselsbrücken bauen muss, um einen Rucio über einen Bach zu bringen. Und selbst der größte mythologische Erfindungsreichtum kam nie auf die Idee, einem Esel Flügel zu verleihen, sodass er sich wie das geflügelte Ross Pegasos zum Himmel schwingen könnte. So unwahrscheinlich ist das Bild, dass man in Italien den Leichtgläubigen als einen schilt, der an den *asino volante* glaubt: den *fliegenden Esel.*

O nein, ein Esel wird nicht fliegen. Er steht mit allen Vieren fest auf Mutter Erde. Er lässt sich zwar so manche Last aufbinden – nur einen Bären nicht. Dafür ist er zu klug. Deshalb läuft er auch nicht davon, wenn er bedroht ist. Auch diesen Habitus hat man ihm oft als Dummheit ausgelegt. In Wahrheit ist es nur sein altes Eselswissen, das ihn am Fleck hält und davor bewahrt, sich töricht einem Fluchtimpuls zu überlassen, der ihm am Ende doch nur schaden würde. Denn ursprünglich bewohnt er das karge Hochland Afrikas, wo große Steine oder Felsen ihn am Laufen hindern. Wenn er, wie das ihm verwandte Pferd, bei nahender Gefahr davonsprengte, würde er sich Hufen oder Beine brechen. Da bleibt er lieber stehen und verteidigt sich an Ort und Stelle. Was er übrigens viel besser kann, als manche meinen.

Ein Esel bleibt stets auf dem Boden, er hebt nicht ab. Er ist ein ausgemachter Realist. Deshalb passt er so gut zu Sancho Pansa. Kein Wunder, dass die beiden enge Freunde waren. Als Rucio einmal Räubern in die Hände fällt, da weint der gute Sancho tausend Tränen. Und als sie schließlich doch wieder zusammenfinden, da kann der gute Mann nicht länger an sich halten: »Sancho eilte zu seinem Esel hin, umarmte ihn und rief: ›O mein Goldschatz, mein Herzensgrauchen! wie ist es dir denn ergangen, lieber alter Kamerad?‹ Und dabei herzte und küsste er ihn, als wäre er ein Mensch. Der Esel schwieg und ließ sich, ohne zu antworten, von Sancho küssen und streicheln.«

Man darf wohl davon ausgehen, dass Rucio sich nicht weniger über das Wiedersehen freute als sein Kumpel Sancho. Die beiden passten haargenau zusammen: zwei treue, bodenständige und gute Seelen. So wie man sich den Partner wünscht, mit dem man eine Strecke Wegs gemeinsam gehen will – oder eine Führungskraft, die für das Wohl und Wehe eines Unternehmens verantwortlich ist.

o o o

Bodenständigkeit klingt altmodisch und uncool. Doch das ist sie keineswegs. Vielmehr ist sie unverzichtbar für dich als Führungskraft. Sie sorgt dafür, dass du gut geerdet bist. Und das musst du sein, denn anderenfalls wäre es ein Leichtes, dir den Boden unter den Füßen wegzuziehen oder dich ins Bodenlose stürzen zu lassen. Und das kannst du nicht wollen. Also brauchst du Bodenständigkeit: eine gute Erdung, eine gute Verwurzelung im Boden. Fragt sich nur, in welchem?

Der Boden, der dich trägt, hat etwas mit Vergangenheit zu tun. Er ist schon da, gleichsam unter deinen Füßen angehäuft. Er besteht aus Traditionen und Geschichte. Er ist gewachsen wie der Humus deines Gartens. Und wie dieser steckt er voller Energie und Möglichkeiten – voller Potenziale, die du zukünftig entfalten kannst. Aber dafür musst du Wurzeln in ihm schlagen, denn nur so kannst du die Kraft, die in ihm schlummert, voll entfalten. Eben das heißt Bodenständigkeit: gut verwurzelt sein in dem, was dich und andere trägt und hält: in dem, was euch gemeinsam ist – was dich mit anderen verbindet. Die Treue zum Bewährten ist ein Qualitätsmerkmal, denn sie erlaubt dir, neue, kühne Lösungen zu suchen. Das geht nur, sofern du weißt, woher du kommst und wo du stehst. Je tiefer deine Wurzeln reichen, desto mutiger und innovativer wirst du führen.

Wenn du bodenständig bist, wirst du deinen Mitarbeiterinnen und Mitarbeitern auf Augenhöhe begegnen. Denn du stehst auf demselben Boden wie sie, arbeitest in derselben Firma, stehst wie sie unter dem Einfluss ihrer Traditionen, wurzelst wie sie in deren Werten. Andere werden dir Vertrauen schenken, wenn sie wissen, dass du in demselben Boden wurzelst wie auch sie. Sie werden dich stützen und halten, denn sie wissen, dass du es ebenso tun wirst. Bodenständigkeit erzeugt Verlässlichkeit. Und Verlässlichkeit erzeugt Vertrauen. Ohne Bodenständigkeit, Vertrauen und Verlässlichkeit ist es unmöglich, Führungsverantwortung auszuüben.

Bodenständigkeit ist etwas anderes als Verbohrtheit. Die Sprache ist an diesem Punkt ganz deutlich: Wer verbohrt ist, wurzelt nicht, sondern versucht gewaltsam und verkrampft, sich irgendeinen Halt zu schaffen. Mithilfe von Technik bohrt er ein Loch, füllt es mit Beton und hofft, auf diese Weise standfest durch die Zeit zu kommen. Doch dabei erstarrt er und wird unversehens zu einem unbeweglichen Betonkopf. Echte Bodenständigkeit sieht anders aus: Sie verbohrt sich nicht, sondern treibt Wurzeln und bezieht aus ihnen ihre Standfestigkeit – eine wirklich tragfähige Standfestigkeit, die dich davor bewahrt, in Konventionen zu erstarren, und die verhindert, dass dich die Stürme umlegen, die früher oder später über dich hereinbrechen werden.

Und noch etwas verdankst du deiner Bodenständigkeit: Indem sie dich erdet, bewahrt sie dich vor Illusionen oder falschen Utopien. Das ist wichtig, denn gute Führung hebt nicht ab. Sie verliert sich nicht in Traumgespinsten à la Don Quixote: Nein, sie lebt von dem gesunden Realismus eines Sancho Pansa oder eben seines Esels Rucio. Sie hält, was sie verspricht, und sie verspricht nicht mehr als das, was sie auch wirklich leisten kann. Wer bodenständig ist, kann sich und andere tragen.

DEMUT

Ein Esel scheut die Mühe nicht.

Denn er weiß um seine Pflicht.

Jesu Eselin beim Einzug in Jerusalem

Ihr Name ist zwar nicht bekannt, doch war sie über Jahrhunderte fraglos die Prominenteste ihrer Art: die Eselin, auf deren Rücken Jesus seinen Einzug in Jerusalem hielt. Die Menschen links und rechts des Weges riefen ihr und ihrem Reiter »Hosianna« zu: »Gelobt sei, der da kommt im Namen Gottes!« Man glaubte, in dem Eselsreiter den Messias zu erkennen, von dem Jahrhunderte zuvor geweissagt worden war, er werde auf dem Rücken einer Eselin erscheinen – so wie es einem König gebührt. Denn ob du es glaubst oder nicht: Esel standen im alten Israel – und auch sonst in der Alten Welt – äußerst hoch im Kurs und kosteten viel Geld. Aber nicht nur deshalb dürfte Jesus auf einer Eselin geritten sein. Esel galten schon zu seiner Zeit als demütig und voller Sanftmut: zwei Eigenschaften, die seither nicht nur dem Reiter, sondern auch dem Reittier zugeschrieben werden. Die Eselin wurde gleichsam zur Metapher für jenen Geist der Nächstenliebe, dessen Inkarnation sie trug: ein Symbol von Güte und Barmherzigkeit, von Frieden und Gewaltverzicht.

Sie bot sich förmlich dafür an, denn schon in der Antike wusste jedermann, dass Esel überaus belastbar sind; und dass sie sich nicht wehren, wenn man sie verprügelt. »Erschütternd« sei die Schmerzgrenze eines Esels, sagt Andy Merrifield in seiner *Weisheit der Esel.* Tatsächlich scheint ein Esel seinem Peiniger auch noch die andere Wange hinzuhalten, wenn er von ihm geschlagen wird – ganz so, wie der Prediger aus Nazareth seinen Jüngern nahelegte. Kein Wunder so gesehen, dass der Esel gleich neben dem Lamm zum Inbegriff der höchsten Tugend eines Christenmenschen wurde.

Das konnte aber nicht verhindern, dass er zugleich als großer Depp und Dummkopf gilt: als einer, der sich in sein Schicksal fügt und alles mit sich machen lässt. Vor allem Friedrich Nietzsche lässt kein gutes graues Haar an ihm. Er kennt für Esel nur Verachtung – gerade *weil* sie wie kein anderes Tier den von ihm entschieden abgelehnten Geist des Christentums verkörpern. Das Langohr, spottet Nietzsche, sagt immer nur I-A: Es ist der Ja-und-Amen-Sager, der selber keinen Willen hat und der die Not der Willenlosigkeit zur Tugend der Demut macht.

Im vierten Teil von Nietzsches *Zarathustra* wird der Leser Zeuge, wie der prophetische Titelheld des Buches zum unfreiwilligen Zeugen eines Eselsfestes wird, bei dem die Anwesenden das ahnungslose Tier in höchsten Tönen rühmen: »Amen, Lob und Ehre und Weisheit und Dank und Preis und

Stärke sei unserem Gott, von Ewigkeit zu Ewigkeit! – Der Esel aber schrie dazu I-A. Er trägt unsere Last, er nahm Knechtsgestalt an, er ist geduldsam von Herzen und redet niemals Nein [...]. – Der Esel aber schrie dazu I-A.« Und weiter: »Unscheinbar geht er durch die Welt. Grau ist die Leib-Farbe, in welche er seine Tugend hüllt. Hat er Geist, so verbirgt er ihn; Jedermann aber glaubt an seine langen Ohren. – Der Esel aber schrie dazu I-A. Welche verborgene Weisheit ist das, dass er lange Ohren trägt und allein Ja und nimmer Nein sagt! Hat er nicht die Welt erschaffen nach seinem Bilde, nämlich so dumm als möglich? – Der Esel aber schrie dazu I-A.«

Was Nietzsche mit dem Bild bezweckte, ist nicht schwer zu erraten: Die ganze christliche Moral wollte er als eine große Eselei entlarven: als Knechtsmoral, die Menschen niederdrückt, anstatt sie aufzurichten; die die Belastung preist und den Gequälten heiligspricht; die Demut predigt und das Leben leugnet.

Der arme Esel duldet wohl auch dieses: Vom Reittier des Messias bis zum dümmsten aller Tiere reicht das Spektrum der religiösen Bewertung seiner Demut. Vermutlich tun ihm beide Seiten unrecht. Vielleicht ist der Esel ja einfach ein Menschenfreund, der um sich selbst nicht gerne Wirbel macht. Und vielleicht kommt deshalb kein anderes Tier dafür infrage, den Heiland nach Jerusalem zu tragen. Er stellt sich willig in den Dienst des Größeren: des Predigers der Liebe, der – auch wenn sich Nietzsche daran störte – mit seinen Worten bald nach seinem Tod die Welt verändern sollte. Was kann daran schlecht sein, jenem Geist der Liebe und Barmherzigkeit zu dienen? Nur wer dem Großen dient, kann selbst zur Größe wachsen. Und das gilt auch für Esel.

o o o

Demut heißt ursprünglich *Dienmut*. Sie ist der Mut zu dienen – und zwar etwas, das größer ist als du selbst. Das können Werte sein, Ideen, Visionen – ein guter Geist, dem du dich verpflichtet weißt; oder auch das Unternehmen, für das du arbeitest. Wichtig ist, dass du dir als Führungskraft immer dessen bewusst bist, dass es nicht primär um dich geht, sondern um etwas, dem du dienen kannst: etwas, dem du verantwortlich bist, vor dem du dich als Führungsverantwortlicher zu verantworten hast.

Ohne Demut läufst du Gefahr, deine Führungsaufgabe zum Egotrip geraten zu lassen. Dann wirst du zu einer jener Führungskräfte, die in Organisationen gigantischen Schaden anrichten. Wenn Mitarbeiter kündigen, dann in den meisten Fällen nicht wegen ihrer Aufgaben oder wegen ihrer Arbeitsbelastung, sondern weil sie es mit narzisstischen oder egozentrischen Führungskräften zu tun haben. Wer nur an sich selbst denkt, ist für Führungsaufgaben ungeeignet. Es ist wichtig, sich das immer wieder klarzumachen. Denn im real existierenden Business kursiert noch immer der Irrglaube, als Führungskraft müsse man entschieden *seinen* Weg gehen, *seinen* Willen durchsetzen, *seine* Macht bezeugen. Das Gegenteil davon ist wahr. Als gute Führungskraft brauchst du vor allem Demut: den Mut, einem Größeren zu dienen.

Demut heißt nicht, zu allem Ja und Amen zu sagen. Sie ist keine Unterwürfigkeit. *Demütig* ist nicht gleichbedeutend mit *servil* oder *devot*. Sie ist auch nicht ein »Deckmantel für feige Furchtsamkeit«, wie Friedrich Nietzsche meinte. Der Demütige ist nicht derjenige, der alles mit sich machen lässt oder sich scheut, da, wo es nottut, Widerstand zu leisten. Das alles hat mit Demut nichts zu tun.

Demut heißt auf Lateinisch *humilitas*. Das Wort stammt her vom Adjektiv *humilis*, was ursprünglich *gegründet* oder auch *geerdet* heißt. Der Wortstamm beider Wörter ist *humus*, die *Erde* – derselbe Stamm, der in den Wörtern *human* und *Humanität* durchtönt. Der Demütige ist ein Mensch, ein Erdenbürger – einer, der weiß, woher er kommt und wo er enden wird; und der aus diesem Wissen Maß am Großen nimmt: an dem, was Dauer hat und was ihn überlebt: Werte, Ideale, die Natur oder auch der Kosmos. Demut ist so gesehen Mut zur Größe – ein Mut, der nicht an einem endlichen und kleinen Ich und dessen kleinen Bedürfnissen und Wünschen Maß nimmt; der sich nicht in selbstbezüglicher Ego-Pimperei gefällt, sondern der sich in den Dienst dessen stellt, was Sinn stiftet und Menschen zu begeistern vermag: des Ewigen, des Guten, Schönen, Liebenswerten, Großen.

Dienst am Sinn: Das ist die Mitte und das Herz einer jeden meisterhaften Führungskunst. Und der Mut, dem Sinn zu dienen: Das ist echte Demut.

EMPFÄNGLICH-
KEIT

Ein Esel denkt nicht lange nach.

Er ist präsent und er ist wach.

Zettel, der zum Esel mutierte Weber aus Shakespeares Sommernachtstraum

Gewiss, der gute Zettel ist kein Esel, sondern eigentlich ein Weber, der das Pech – oder auch Glück – hat, in den argen Liebeshändel zweier Waldgeister verwickelt zu werden, die Eifersucht und Neid entzweit hat: Da ist die Feenkönigin Titania, und da ist Oberon, der Herr über die Elfen. Die beiden hatten einen Streit, der Oberon veranlasste, sich böse an der schönen Fee zu rächen. Mithilfe seines Dieners Puck verabreicht er der Königin ein Mittel, das dazu führt, dass sie dem ersten Besten, den sie sieht, in wilder Liebesleidenschaft verfällt. Dem Weber Zettel könnte das egal sein, wenn jener Puck nicht, um die Schande der Titania komplett zu machen, den guten Mann erst in einen Esel transformierte, um ihn sodann der Fee als Liebhaber und Bettgeselle zuzuführen.

Und so beginnt das große Glück für Zettel. Der zum Esel transformierte Weber wird umworben von der schönsten aller Elfen: »Ich bin ein Geist von nicht gemeinem Stande; ein ew'ger Sommer zieret meine Lande. Und sieh: Ich liebe dich!«, so spricht sie, »ich gebe Elfen zur Bedienung dir: Sie sollen Perlen aus dem Meer dir bringen und, wenn du leicht auf Blumen schlummerst, singen. Ich will von Erdenschwere dich befrei'n, dass du so glücklich sollst wie Geister sein.«

Und eben das geschieht. Der gute Zettel schwelgt im siebten Himmel. Als Mensch wäre er dort niemals hingekommen. Jedoch als Esel winken ihm die größten Freuden – die ihm völlig unerwartet in den Schoß gefallen sind. »Sie hat ihm die behaarten Schläf' umwunden mit einem frischen, würz'gen Blumenkranz«, kommentiert der konsternierte Oberon nicht ohne Genugtuung das wahnsinnige Treiben der verzauberten Elfenkönigin. Die aber säuselt ihrem Esel zu: »Schlaf du! Dich soll indes mein Arm umwinden. So lind umflicht mit süßen Blütenranken das Geisblatt; so umringelt, weiblich zart, das Epheu seines Ulmbaums rauhe Finger. – Wie ich dich liebe! Wie ich dich vergöttere!«

Natürlich nimmt der Liebesrausch ein Ende – und mit ihm schwindet auch des Webers Glück. »Mir schien, ein Esel hielt mein Herz gefangen«, erinnert sich wohl noch Titania. Und Zettel, wieder Mensch geworden, versucht vergeblich, das Geschehene zu verstehen: »Ich hatte ein äußerst rares Gesicht. Ich hatte einen Traum – kein Mensch kann sagen, was es für ein Traum war. Der Mensch ist nur ein Esel, wenn er sich einfallen ließe, diesen Traum zu deuten.«

Trotzdem wollen wir es wagen. Zumal ja Zettel selbst uns lehrt, dass es so schlecht dann auch nicht ist, wenigstens eine Mittsommernacht lang in einer Eselshaut zu stecken. Denn das scheint die Moral von der Geschicht zu sein: Das Glück schleicht sich auf Eselshufen in das Menschenleben: auf Hufen, die der Erde treu sind; auf Hufen, die nicht grübeln oder räsonieren; auf Hufen, die sich einfach dem ergeben, was geschieht – empfänglich sind für alles, was das Leben ihnen bietet.

Gewiss, das grenzt an Zauberei, doch gerade das könnte die Lehre Zettels sein: Die Welt *ist* voller Magie. Sie ist durchwebt von Glück und Heiterkeit. Es liegt allein an uns, den Zauber zu gewahren und ihm mit offener Empfänglichkeit zu begegnen. Und das gelingt uns leichter, wenn wir esellike im Hier und Jetzt dem Ruf des Lebens folgen und uns nicht in unseren eigenen Interessen, Bedürfnissen und Strategien ... *verzetteln.*

○ ○ ○

Empfänglichkeit ist Quelle und Ursprung deines Glücks. Glücklich bist du, wenn *es stimmt*; wenn du mit dir und mit der Welt im Einklang bist; wenn du aus vollem Herzen sagen kannst: »So wie es jetzt ist, ist es gut – ja, so kann es bleiben.« Glücklich bist du, wenn du zum Augenblicke sagen kannst: »Verweile doch, du bist so schön.«

Es gibt diese großen Stunden – diese Gipfelerlebnisse, die wie schneebedeckte Berge aus der Ebene des Alltags ragen. Auch du kennst sie. Vielleicht war es in deinem Leben ein Moment der Liebe oder ein besonderes Naturerlebnis. Vielleicht war es der Augenblick, da du mit deinem Team ein großes Ziel erreichtest. Egal, was es ist: Die Momente, die dich glücklich machen, sind in jedem Fall Geschenke: Widerfahrnisse, die dir zuteilwerden – häufig unerwartet, kaum erhofft, manchmal ungewollt und nie erzwungen. Du kannst sie nicht machen. Sie sind nicht dein Werk. Du kannst dich allenfalls für sie empfänglich halten; was voraussetzt, dass du wach und offen lebst. So gibst du dem Glück eine reelle Chance, auch in deinem Leben Fuß zu fassen.

Meistens kommt das Glück, wenn du so gar nicht mit ihm rechnest. Oft entspricht es auch nicht deinen Vorstellungen. Vorstellungen sind ihm sogar meist hinderlich. Sie verzerren deinen Blick und nähren die Erwartung: »Wenn nur meine Wünsche endlich in Erfüllung gingen, käme augenblicks das Glück zu mir ...« Aber so geht das nicht. Nicht die Erfüllung deiner Wünsche macht dich glücklich, sondern deine Zugehörigkeit zum großen Ganzen. So wie Webermeister Zettel glücklich wurde, als er in den Armen der Natur sich selbst vergessen konnte und sich die Liebe um ihn schlang.

In den Genuss der Liebe und des größten Glücks kommst du nur dann, wenn du dich ihm empfänglich hältst. Und ebenso wirst du nur dann bei deiner Arbeit glücklich, wenn du offen und empfänglich dafür bist, was dir jeweils angeboten wird: von deinen Mitarbeitern, von einer konkreten Situation, als Herausforderung, als Problem. Als gute Führungskraft verweigerst du dich nicht den Aufgaben, die dir gestellt sind. Du siehst in allem etwas, das dich angeht. Du bist offen und begegnest den Herausforderungen mit Geistesgegenwart und Dankbarkeit, um dann entschlossen und tatkräftig darauf zu reagieren.

Das setzt voraus, dass du für die Ansprüche der anderen offen und empfänglich bleibst – um dann die passenden Antworten darauf zu geben. Darin zeigst du dich verantwortlich: dass du empfänglich zuhörst und beherzt auf das Gehörte Antwort gibst. Auf diese Weise wirst du so agieren, dass es stimmt. Und wenn es stimmt – wir sprachen schon davon –, sind auch die großen Glücksmomente deines Lebens nicht mehr fern. Denk an Zettel.

GEBORGENHEIT

Ist die Heimat noch so weit:

Ein Esel schenkt Geborgenheit.

Der Esel im Stall zu Bethlehem

Dass ein Esel zugegen war, als Jesus in Bethlehem das Licht der Welt erblickte, gehört zum Kernbestand der Weihnachtsgeschichte. Nebst einem Ochsen habe er Maria beigestanden, als sie ihr erstes Kind gebar; und Ochs und Esel seien es gewesen, die dem frisch geborenen Weltenretter als Erste ihre Reverenz erwiesen. Seither gehören die beiden zum festen Inventar der Weihnachtskrippe – und auch bei keinem Krippenspiel an Heiligabend dürfen diese beiden Tiere fehlen.

Sucht man dafür nach Textbelegen in der Bibel, wird man jedoch leer ausgehen. Im Bericht des Evangelisten Lukas wird kein Esel erwähnt. Man findet ihn allenfalls in einem sogenannten apokryphen Text – einer Schrift, die zwar aus der Entstehungszeit des Neuen Testaments stammt, aufgrund ihrer dubiosen Herkunft aber nicht in den Kanon der Heiligen Schriften aufgenommen wurde. Es handelt sich in diesem Fall um das sogenannte *Protoevangelium des Jakobus* aus dem 2. Jahrhundert n. Chr., eine Art Vorgeschichte der Geburt Jesu. In diesem Text erfährt man, dass ein gewisser Joseph seinen Esel sattelte, um dem ihm anvertrauten schwangeren Mädchen Maria die von den römischen Besatzern angeordnete Reise nach Bethlehem zu erleichtern. Maria aber habe kurz vor Bethlehem darum gebeten, man möge sie vom Esel heben: »Denn das Kind in mir bedrängt mich und will herauskommen.« Da keine Herberge in Sicht war, blieb dem Mädchen gar nichts anderes übrig, als eine Höhle aufzusuchen, um dort die Niederkunft des Kindes zu erwarten. So kam der Esel an die Krippe.

Und mit ihm kam für die junge Frau ein Stückchen Heimat. Denn der Esel hatte sie ja – wenn der Bericht stimmt – den ganzen langen Weg von Nazareth nach Bethlehem getragen. Er war ihr sicher lieb und teuer. Ihr stiller und geduldiger Begleiter: ein Freund, in dessen Nähe sich die Schwangere geborgen fühlte. Mit seiner ruhigen und unaufgeregten Art wird er ihr Erleichterung verschafft haben – so wie es Esel heute tun, wo sie zu therapeutischen Zwecken eingesetzt werden. Die große Meisterschaft der Esel liegt darin, dass sie entspannte, heile Atmosphären schaffen, in denen Menschen innerlich zur Ruhe kommen und Beziehungsfähigkeit erlernen.

Der Esel, der Maria bei der Geburt ihres Sohnes zur Seite stand, war zwar kein Therapeut, aber er vermittelte der jungen Frau ein sicheres Gefühl von Heimat und Geborgenheit. Dieser Rolle blieb er später treu, denn kaum hatte Maria ihren Sohn geboren, da musste sie schon weiterreisen – als Flüchtende, denn ihr und ihres Sohnes Leben waren bedroht. So sattelte Joseph den Esel erneut und trieb ihn Richtung Süden nach Ägypten. Dort suchte er für sich und seine Angetrauten Schutz. Es braucht nicht viel Fantasie, um sich vorzustellen, dass unterwegs und in der Fremde der Esel nun nicht mehr allein die Wöchnerin wärmte, sondern auch ihr Neugeborenes. Wenn man die Sache so anschaut, ist klar, warum ein Esel heute noch Behaglichkeit und Heimat auszustrahlen scheint.

○ ○ ○

Geborgenheit ist etwas anderes als »Piep, piep, piep, wir haben uns alle lieb« – oder als »Friede, Freude, Eierkuchen«. Es geht auch nicht um den bekannten Ponyhof (noch nicht einmal in einem Eselsbuch) oder um Bällchenbad und Kuschelecke. Guter Führung ist es nicht darum zu tun, die Menschen in Watte zu packen oder sie von allen Härten des Lebens fernzuhalten. Einfach deshalb, weil so etwas gar nicht möglich wäre. Das Leben ist hart, das Business ist unbequem, und Menschen können hinterhältig, bösartig und tückisch sein. Die Augen davor zu verschließen, wäre töricht. Gute Führungskräfte wissen das.

Sie wissen aber auch, dass Menschen, gerade weil das Leben manchmal hart und gerade weil das Business zuweilen mühsam ist, Sicherheit und Schutz benötigen. Deshalb achten sie darauf, dass sich die Menschen bei der Arbeit heimisch fühlen – dass sie spüren, nicht allein zu sein, und dass sie wissen, dass es Menschen gibt, auf die sie sich verlassen können – allen voran auf ihre Vorgesetzten. Deshalb ist es deine Aufgabe, ein Umfeld zu erzeugen oder zu erhalten, in dem Menschen sich geborgen fühlen können – in dem sie sich zu Hause wissen; ganz so wie der Esel in der Weihnachtsgeschichte eine heimatliche Atmosphäre um sich schafft. Dabei drängt er sich nicht auf, sondern hält sich zurück. Er begnügt sich damit, einfach da zu sein und den Raum mit Wärme und Vertrautheit zu beseelen; nicht mit Bequemlichkeit, davon ist in der Geschichte gerade nicht die Rede. Der Stall ist alles andere als eine Komfortzone. Er ist die harte Realität – aber so, dass man sich vor ihr nicht fürchten muss.

Und genau das gelingt dir, wenn du eine Atmosphäre der Verlässlichkeit erzeugst. Damit aber nicht genug: Verlässlichkeit – auch das lehrt uns die Geschichte von dem Esel in der Weihnachtsnacht – ist die Voraussetzung für eine glatte Geburt: Wo Menschen sich aufeinander verlassen, kann etwas Neues zur Welt kommen. Eine neue Geschichte beginnt. Und was für eine! Eine, die die Welt verändern wird. Was, wenn kein Esel da gewesen wäre, der mit seiner bloßen Gegenwart den Raum mit Heimat und Geborgenheit geflutet hätte? Die Welt wäre um eine Disruption ärmer.

Deshalb ist Geborgenheit so wichtig. Sie erzeugt ein Klima des Gebärens, der Innovation, der Erneuerung. Ein solches Klima zu erzeugen, ist die Aufgabe derer, die in Führungsverantwortung stehen. In ihrem Buch *Vita activa oder Vom tätigen Leben* hat die Philosophin Hannah Arendt die *Natalität* – die Gebürtigkeit – des Menschen als das Grundprinzip jedes konstruktiven Handelns und Erneuerns beschrieben. »Weil jeder Mensch auf Grund des Geborenseins ein *initium*, ein Anfang und Neuankömmling in der Welt ist, können Menschen Initiative ergreifen, Anfänger werden und Neues in die Welt setzen«, schreibt sie und weist damit auf eine Qualität des Menschen hin, die in der Unternehmenswelt von morgen eine überragende Bedeutung bekommen wird: die kreative Unberechenbarkeit, die den menschlichen Geist – diesen Anfängergeist der Innovation – von jeder künstlichen Intelligenz (KI) unterscheidet. Arendt schreibt: »Die Tatsache, dass der Mensch zum Handeln im Sinne des Neuanfanges begabt ist, kann nur heißen, dass er sich aller Absehbarkeit und Berechenbarkeit entzieht.« Um diese Begabung zu entfalten, braucht es aber etwas, wovon die KI nichts weiß und auch nichts wissen wird: Dafür braucht es Wärme, Nähe und Geborgenheit.

Willst du kreative Leute um dich haben, tust du gut daran, den Spirit der Geborgenheit zu kultivieren – unaufdringlich, still im Hintergrund, doch immer da, verlässlich, zuverlässig, treu. Dann kann deine Abteilung zu einem Ort werden, an dem ein neuer Stern geboren wird. Hallelu-I-A – oder etwa nicht?

GELASSENHEIT

Nur der Esel und das Kind

nehm'n die Dinge, wie sie sind.

Donkey, der Esel von Shrek

Geadelt wurde jene Kreatur vom Sprecher, der ihr seine Stimme gab: von Eddie Murphy. Der sagte über Donkey, den komischen Helden aus den *Shrek*-Filmen, er sei ein »wirklich positiver Charakter. Er sieht immer in allem das Gute und gibt sein Bestes, um es herauszuholen.« Und dann schließt er mit dem kaum übersetzbaren Kompliment, er sei ein »happy-go-lucky donkey".

Dabei kann dieser Patron einem gehörig auf die Nerven gehen. Sein Kumpel Shrek und dessen hübsche Braut Fiona müssen sein dauerndes Gebrabbel immer wieder über sich ergehen lassen. Das unterscheidet Donkey zweifellos von allen realen Eseln, die man eher als schweigsame Gefährten kennt, doch sein gelassenes und optimistisches Gemüt lässt ihn zuletzt dann doch als vollwertiges Mitglied der Esels-Sippe glaubhaft erscheinen. Auch dass er mehr oder weniger widerstandslos die zudringliche Liebe eines Feuer speienden Drachens namens Dragon – aus der dann später einige entzückende kleine »Dronkeys« hervorgehen werden – über sich ergehen lässt, erlaubt es, ihn als fernen Verwandten des demütigen und duldsamen Hausesels durchgehen zu lassen. Bei alledem fehlt ihm jedoch die Unterwürfigkeit, die man dem Esel sonst so gerne andichtet. Auch das depressive und lethargische Wesen des weitläufig mit ihm verwandten Esel Eeyore aus Alan Alexander Milnes Roman *Winnie Pooh* geht ihm völlig ab. Shreks Esel strotzt vor Tatendrang und nichts kann ihn dabei erschüttern.

So passt es zu seinem Naturell, wenn Donkey sich am Ende des ersten *Shrek*-Films als Liebender und Gläubiger präsentiert: »Now I'm a believer«, schmettert er ins Mikrofon. »Not a trace of doubt in my mind. I'm in love.« Ähnliches hätte man vielleicht auch jenen Reittieren von Jesus und Maria abgenommen, mit denen wir es bereits zu tun hatten.

Ein Meisterstück an eseliger Gelassenheit bietet Donkey dann vor allem im zweiten *Shrek*-Film, in dem ihn ein Zaubertrank unversehens in einen weißen Hengst verwandelt. Nachdem die Transfiguration vollzogen ist, erkennen die Helden des Films, dass auf der Flasche jenes Zauberelixiers geschrieben steht, der Inhalt sei für Wesen mit nervösen Störungen ungeeignet – was dazu führt, dass alle Augen auf den guten Donkey gerichtet sind, der diesen unausgesprochenen Vorwurf allerdings mit äußerster Gelassenheit an sich abprallen lässt.

Man wäre fast versucht zu glauben, bei Donkey handelte es sich um die Reinkarnation jenes berühmten Esels aus dem Märchen von den Bremer

Stadtmusikanten, der angesichts der Risiken eines Lebens auf Wanderschaft die geflügelten Worte fand: »Etwas Besseren als den Tod finden wir überall.« Wenn das nicht gelassen ist! Doch zurück zum Esel Shreks. Er ist tatsächlich eine wunderliche Mischung aus Aufgeregtheit und Gelassenheit. Wie viele andere Esel ist er ein doppelgesichtiges Wesen, bei dem zuletzt die liebenswerte Eigenschaft obsiegt. Ein Adjektiv passt auf ihn ganz besonders gut, denn daran kann kein Zweifel sein: *Donkey is cool.*

o o o

Gelassenheit ist eine Insel im Meer der Ruhelosigkeit. Wenn du auf ihr lebst, lässt du dich durch Trubel, Chaos, Stress und Hektik nicht so leicht erschüttern. Nein, du lässt die Wogen deiner Welt am Ufer der Gelassenheit verebben. Nicht, dass du dich ihnen entgegenstellen würdest. Nicht, dass du dich als Wellenbrecher hervortätest. Abwehr und Widerstand sind deine Sache nicht. Du lässt dich ein auf alles, was geschieht. Du lässt die Dinge auf dich wirken. Du lässt dir Zeit. Gelassenheit ist eine Kunst des Sich-Einlassens und des Zulassens.

Das ist etwas anderes als Gleichgültigkeit oder Indifferenz. Gelassenheit bedeutet nicht, alles mit einem Achselzucken zur Kenntnis zu nehmen und ansonsten seinen eigenen Stiefel zu machen. Gelassene Menschen lassen sich durchaus von dem angehen, was um sie herum geschieht. Sie lassen sich berühren und in Anspruch nehmen. Sie lassen auch den Kummer und die Sorgen anderer an sich heran – auch den eigenen Kummer und die eigenen Sorgen lassen sie zu. Nur lassen sie sich von alledem nicht hinreißen. Sie lassen sich auf etwas ein und lassen es beizeiten wieder los. Sie können es sein lassen – ja, wenn sie wirklich gelassen sind, können sie es zuweilen sogar gut sein lassen. Aber das alles ist nur möglich, weil sie es zunächst zugelassen haben. Nichts zuzulassen führt nicht zur Gelassenheit, sondern zu Starrsinn.

Gelassenheit scheint paradox zu sein. Das liegt daran, dass es sich bei ihr um eine Beziehungsqualität handelt. Wenn du gelassen bist, verhältst du dich gelassen zu etwas anderem: so, dass du jederzeit ablassen kannst. Ablassen wovon? Vermutlich wärest du versucht zu sagen: ablassen von einem Plan, einem Projekt, einem Menschen. Damit aber liegst du falsch. Die Kunst der Gelassenheit besteht nicht darin, dass du vom anderen ablässt, sondern von *dir*. Nur wenn du von dir ablässt, kannst du die anderen oder das andere wirklich zulassen, bestehen lassen, gelten lassen, gewähren lassen, gut sein lassen.

Gelassenheit ist nicht deswegen für dich als Führungskraft so wichtig, weil sie es dir leichter macht, andere ihrem Schicksal zu überlassen, sondern weil sie dich freilässt – weil sie dich aus dem Gefängnis deiner Selbstbezüglichkeit befreit. Das kannst du von einem Esel lernen. Das Geheimnis seiner Gelassenheit besteht darin, dass er kein Ego hat. Ebenso das Geheimnis seiner Coolness. Sie macht ihn zum perfekten Partner, Führer und Weggefährten.

Gelassenheit befreit dich nicht nur aus den Fängen deines Egos, sie öffnet zugleich den Raum für Kreativität und Innovation. Schöpferisch ist nicht, wer meint, seine Ideen mit Kraft und Stärke durchsetzen zu müssen. Schöpferisch ist vielmehr, wer sich auf Prozesse und Dynamiken einlässt, die er nicht selbst steuern kann. Gute und kraftvolle Ideen gebierst du nicht aus dir selbst. Sie entstehen in der Interaktion mit anderen. Sie werden an dein Land gespült, wenn du dich für sie offenhältst. Wenn du gelassen dem entgegensiehst, was kommt, werden der beste Einfall und die fruchtbarste Idee sich dir von selbst zuspielen. Auch wenn sie manchmal unerwartet kommen – etwa getarnt als Störung oder Hindernis; vielleicht sogar als aufdringliche Liebe eines Drachens. Auch solches nimmst du dankbar an, wenn du gelassen bist. Denn du weißt, dass das Leben manchmal krumme Wege nimmt, um letztlich doch das Beste zu erreichen; und dass es manchmal nottut loszulassen, um sich auf Neues einlassen zu können.

Gelassenheit verhindert Stagnation und Stillstand. Gelassen können wir dem Fluss des Lebens folgen: uns in ihn hineingleiten lassen, um uns von ihm zum Ziel hintragen zu lassen. Führung setzt Gelassenheit voraus. Sie folgt dem Fluss des Werdens und Vergehens.

GROSS-
ZÜGIGKEIT

Der Esel kennt nicht Neid noch Geiz,

darin besteht sein wahrer Reiz.

Der Goldesel der Gebrüder Grimm

Wer hätte nicht gern einen solchen Esel: ein Tierchen, dem das Gold nicht nur zum Hals, sondern auch zum Hintern rausquillt? So einen richtigen Dukaten-Scheißer? In unserer von monetären Glückserwartungen bewegten Zeit wäre das doch wohl ein guter Hausgenosse. So dachte auch der junge Schneidersohn, der nach zwei Jahren Müllerlehre von seinem Meister zum bestandenen Examen einen Esel als Geschenk bekam: »›Wozu ist er denn nütze?‹ fragte der junge Geselle. ›Er speit Gold,‹ antwortete der Müller, ›wenn du ihn auf ein Tuch stellst und sprichst *Bricklebrit*, so speit dir das gute Tier Goldstücke aus, hinten und vorn.‹ ›Das ist eine schöne Sache,‹ sprach der Geselle, dankte dem Meister und zog in die Welt. Wenn er Gold nötig hatte, brauchte er nur zu seinem Esel *Bricklebrit* zu sagen, so regnete es Goldstücke, und er hatte weiter keine Mühe als sie von der Erde aufzuheben. Wo er hinkam, war ihm das Beste gut genug, und je teurer, je lieber, denn er hatte immer einen vollen Beutel.« So haben es die Gebrüder Grimm in ihrer Märchensammlung aufgeschrieben.

Ein wahres Füllhorn ist der Esel, wenn man diesem Märchen trauen darf. Seine Freigiebigkeit kennt keine Grenzen. Großzügig verschenkt er seine Gaben, ohne eine Gegenleistung zu erwarten. Alles, was der Schneidersohn zu tun hat, ist das Zauberwort zu sprechen: *Bricklebrit*. Was das bedeutet, hat bisher noch niemand ergründen können. Es scheint eine Art Codewort zu sein, kraft dessen man das Herz des Esels erreichen und seine beispiellose Großzügigkeit aktivieren kann. Stets ist er bereit, sein Bestes zu geben – allerdings nur denen, die bereit sind, es entgegenzunehmen. Dafür könnte im Märchen das scheinbar nebensächliche Detail stehen, dass der Schneidersohn zunächst ein Tuch ausbreiten muss, auf dem der Esel stehen kann: Nur wer empfänglich für die Gaben anderer ist, wird ihre Großzügigkeit kennenlernen. Das kannst du von diesem Esel lernen: Erwarte nie, dass jemand dir sein Bestes gibt, wenn du nicht dein Tuch der Empfänglichkeit und Dankbarkeit vor oder unter ihm ausbreitest. Und zeige dich immer dann großzügig, wenn andere für das, was du zu geben hast, empfänglich und dankbar sind.

Ansonsten ist vom Goldesel nicht viel bekannt. Vielleicht ist er ein später Nachfahr jenes Esels, auf dem der antiken Mythologie zufolge der alte Silen ritt: ein »angenehmer Dämon«, wie Artemidor in seinen Büchern über die *Kunst der Traumdeutung* sagt, da er den lebensfrohen und potenten Gott Dionysos begleitete. Aus eben diesem Grund verbindet Artemidor den Esel des Silen mit Wohlstand und Reichtum: »Auch sonstigen Vorhaben verheißt der Esel wegen seines Namens Erfolg (*onos* = Esel und *onosthai* = gewinnen): Er steht für Gewinn an den laufenden Unternehmungen und die Freude darüber, denn sie sind dem Silen heilig.« Und – um beim Stichwort Traumdeutung zu bleiben – die einschlägige europäische Literatur weiß: Im Traum einen fremden Esel im eigenen Garten zu beobachten, weist auf eine bevorstehende Erbschaft hin. Und wenn's sogar ein weißer Esel ist, blüht einem zuverlässiger und dauerhafter Wohlstand.

Das alles klingt nach Märchen und nach Träumerei. Gewiss, doch liegt darin auch eine tiefere Bedeutung: Der Esel steht für eine glückliche und gelungene Wechselbeziehung zwischen Großzügigkeit und Empfänglichkeit, Freigiebigkeit und Dankbarkeit, üppigem Geben und freudigem Nehmen.

o o o

Großzügigkeit ist ein Grundprinzip des Lebens: Die Natur gibt gern mit vollen Händen. Stets produziert sie mehr, als gebraucht wird: mehr Arten, mehr Samen, mehr Spermien, mehr Blüten, mehr Früchte. Ein jeder Baum wächst, um zu blühen und seine Früchte zu verschenken. Die Natur kennt keinen Geiz und keine Kleinlichkeit. Sie liebt das Üppige und Übervolle. Freimütig gibt sie ihre Gaben und neigt verschwenderisch zu Überfluss. Sie gibt aus vollen Händen und gewährt uns neidlos ihre Schönheit.

Wenn du in Führungsverantwortung stehst, tust du gut daran, dich an der Großzügigkeit der Natur zu orientieren. Sie ist die Meisterin des Gebens. Sie gibt all denen, die ihrer bedürfen und die dankbar ihre Gaben nutzen. Wenn du ihr darin folgst, wirst du nicht nur andere Menschen glücklich machen, sondern auch dich selbst: Denn die Natur durchwaltet auch *dein* Leben, auch du bist ein Naturprodukt, dessen Dasein sich darin erfüllt, das in ihm angelegte Potenzial zur vollen Schönheit zu entfalten und es freigiebig der Welt zu schenken. Eben das ist das Geheimnis echter Größe: nicht nur groß zu wachsen, sondern über sich hinauszuwachsen und mit einer großen Seele die Kleinlichkeit des eigenen Egos hinter sich zu lassen. Die alten Griechen hatten dafür ein eigenes Wort: *megalopsychía*, *Seelengröße*. Einem Philosophen wie Aristoteles galt sie als eine der vornehmsten Tugenden des Menschen – als Erscheinungsform einer gesunden, reifen und erwachsenen menschlichen Seele, die nicht um ihr eigenes

Wohlergehen besorgt ist, sondern um die Harmonie der Welt, in die sie eingebettet ist: der Organisation, des Gemeinwesens, der Natur. Eine große Seele handelt deshalb ihrer eigenen und der großen Natur gemäß, wenn sie sich anderen gegenüber großzügig und großmütig erweist.

Das Gegenteil der großen Seele ist das kleine Ich. Man erkennt das kleine Ich daran, dass es außerstande ist, sich selber zu verschenken. Kleinlich ist es stets nur um sich selbst besorgt. Und sein Kleinmut nimmt dem Ich die Fähigkeit zu handeln. Es kann nicht in die Weite denken. Immer kreist das kleine Ich um seine eigene Bedürftigkeit und seine eigenen Interessen. Weder kann es anderen etwas geben, noch kann es die Gaben anderer dankbar annehmen. Es bleibt immer nur bei sich, wird karg und kleinlich, kann den anderen nichts gönnen, lebt ständig im Vergleich und fühlt sich permanent zu kurz gekommen – eine Dynamik, die du als Führungskraft unbedingt erkennen und vermeiden solltest, weil sie nicht nur dich kleinmacht, sondern auch die ganze Firma runterzieht. Wie willst du etwas bewegen, wenn du nicht der Enge deiner Bedürfnisse entkommst, wie wirst du jemals Großes schaffen, wenn du kleinmütig und kleinlich bist? Kleinlichkeit, Engherzigkeit und Geiz sind Eigenschaften, die einer Führungsperson nicht gut zu Gesichte stehen. Ebenso wenig wie eine Haltung des Verschwendens oder Verschleuderns.

Verschwendung ist ganz etwas anderes als Großzügigkeit. Verschwenderische Menschen warten nicht darauf – um im Bild des Märchens zu bleiben –, dass jemand empfänglich und dankbar das Tuch für ihre Gaben ausbreitet. Ungefragt »beglücken« sie jede und jeden mit allem, was abzusondern ihnen gerade durch den Sinn geht. Das ist kein Zeichen von Großzügigkeit; und schon gar nicht von Führungskompetenz, sondern von Ignoranz.

Neben Kleinlichkeit und Verschwendung gibt es noch ein weiteres Gegenteil der Großzügigkeit: eine perfide Schein-Großzügigkeit, hinter der nun gerade nicht eine große Seele, sondern ein ehrgeiziges Ego verborgen ist. Diese Schein-Großzügigkeit ist eine Erscheinungsform des selbstverliebten Hochmuts, dem es darum geht, sich durch vermeintliche Freigiebigkeit über die anderen zu stellen. Bei Lichte besehen ist diese falsche Großzügigkeit nichts anderes als ein subtiles Mittel der Machtausübung: Sie gibt anderen Menschen, um sie von sich abhängig zu machen oder ihnen das ungute Gefühl zu geben, dem Geber etwas zu schulden; manchmal auch, um sie zu beschämen. Wenn du so etwas im Sinn hast, kannst du sicher sein, dass nicht deine großzügige Seele dein Handeln und Denken lenkt, sondern dein kleinliches und kleines Ego. Daran solltest du arbeiten.

Falsche Schein-Großzügigkeit ist toxisch. Langfristig führt sie dazu, dass die Menschen das Vertrauen verlieren. Und nicht nur das: Sie führt auch dazu, dass viele Menschen ein Problem damit haben, sich von der echten Großzügigkeit anderer beschenken zu lassen. Sie haben die Freude des Beschenktwerdens verlernt, weil sie glauben, jede Gabe durch Gegengaben ausgleichen zu müssen: als ginge es um ein Geschäft, bei dem eines mit dem anderen vergolten werden muss. Wer von diesem Geist des *do ut des* (lat.: *Ich gebe, damit du gibst*) geleitet wird, ist außerstande, großzügig zu sein.

Gute Führung braucht Größe: Größe im Nehmen *und* Größe im Geben: eine Größe, die darin besteht, nicht kleinlich alles miteinander zu verrechnen, sondern dem natürlichen Impuls des Herzens zu folgen, dem die Freude der Freigiebigkeit eigen ist – und das sich unbefangen und frei an der Großzügigkeit anderer erfreuen kann. Durch die Größe im Nehmen und Geben wachsen Schönheit, Freude und Energie im Garten menschlicher Begegnung. Diese Größe macht den Unterschied zwischen Führungskräften, die wahrhaft solche sind, und jenen, die lediglich so heißen.

HUMANITÄT

Ein Esel geht durch viele Leben,

dennoch tritt er nie daneben.

Lucius, der goldene Esel des Apuleius

Er ist wohl der berühmteste Eselsroman der Weltliteratur: *Asinus aureus – Der goldene Esel* – heißt das Werk des Apuleius, eines Schriftstellers und Philosophen, der im Jahre 123 in einem Städtchen im Nordosten Algeriens geboren wurde. Er schrieb lateinisch, war jedoch bewandert in griechischer Philosophie und Mythologie. Sein Roman vom goldenen Esel trug ursprünglich den Titel *Metamorphosen*. Erst in der Spätantike setzte sich *Der goldene Esel* durch – der Name, unter dem das Buch zu Weltruhm kam.

Die Hauptfigur ist ein gewisser Lucius, dem sein Leichtsinn zum Verhängnis wird. Er ist fasziniert von Magiern und Hexen und wagt mit einer Zaubersalbe einen Selbstversuch – der tragisch endet, denn er wird nicht zur Eule, wie ihm verheißen ward, sondern zum Esel. Zwar wird ihm eine Rückverwandlung in Aussicht gestellt, doch daraus wird nichts, weil Räuber ihn entführen. Damit beginnt eine lange Odyssee, in deren Folge der arme Lucius dem gesamten Elend der Welt ausgeliefert wird. Mord und Totschlag allenthalben, dauernd wechselt sein Besitzer. Heute dient er einem guten Mann. Morgen peinigt ihn ein Schurke. Kurz: Es ist kein schönes Leben, das der Mensch als

Esel führen muss. Und es wird dadurch nicht besser, dass er dabei allerlei über die Menschen und ihre Abgründe in Erfahrung bringt.

Erst das letzte Kapitel bringt die Wende. Auf seiner Wanderschaft erfährt der Esel von der Göttin Isis, an die er sich zuletzt in seiner Verzweiflung wendet. Und jene Muttergöttin ist ihm wohlgesonnen. Sie verspricht dem Lucius die Rückverwandlung in einen Menschen und weist ihm den Ort an, wo er die dafür erforderlichen Rosen verspeisen kann. Wieder in menschlicher Gestalt, wird Lucius in den Kult der Isis initiiert und dient der Göttin noch bis an sein Lebensende als ihr Priester.

Was hat das alles zu bedeuten? Die Fachwelt streitet schon seit Langem. Vermutlich macht es Sinn, die ganze Story vom Ende her zu lesen. Es geht um den Kult der Göttin Isis und die Erlösung, die dem Menschen zuteilwird, wenn er sich den ihr geweihten Mysterien unterzieht. Dank ihrer wird der Esel wieder das, was er ursprünglich ist: ein Mensch. Genauso wird die Seele eines Menschen reingewaschen, wenn sie der Göttin Isis huldigt. Dann lässt die Seele ihren Leib wie eine Eselshaut hinter sich und erfährt Rettung und Erlösung von aller Trübsal und Peinigung, die ihr in ihrem eseligen Erdendasein unweigerlich zuteilwerden. Die Eselsgestalt des Lucius steht dann für das leibliche

Leben, seine Menschengestalt hingegen für die erlöste Seele.

Der Esel kommt dabei nicht gut weg. Wieder einmal muss er herhalten für die Rolle des Knechtischen, Dummen, Minderwertigen. So scheint es vorderhand. Man kann jedoch das Bild auch andersherum deuten: Dann ist der Esel ein beseeltes Wesen. Er trägt die Seele durch die Zeit. Er macht der Seele Beine und ermöglicht ihr, das Leben auszuloten. So gesehen wäre er das Symbol für das menschliche Leben und die Humanität, deren Würde gerade darin besteht, den inneren Zwiespalt von Leiblichkeit und Geistigkeit in sich auszutragen und weder den Leib noch den Geist zu vernachlässigen. Vielleicht erweist sich der goldene Esel des Apuleius gerade darin als ein guter Mensch, dass er geduldig seinen müden Leib durch alle Lebenslagen trägt und dabei nie die Sehnsucht nach Erfüllung aufgibt. Nicht umsonst gab ihm der Autor diesen sonderbaren Ehrentitel: *goldener* Esel.

o o o

Humanität bedeutet, den Menschen als Menschen anzuerkennen: die *condition humaine* zu respektieren und der Vielfalt und Komplexität des Menschenlebens zu genügen. Eben das macht dich zu einer guten Führungskraft: dass du die Menschen, mit denen du arbeitest, nicht bloß als Funktionsträger, als Rädchen im großen Räderwerk des Unternehmens nutzbar machst, sondern als das siehst, was sie wirklich sind: komplexe, mehrschichtige Wesen, die du in mindestens vier unterschiedlichen Dimensionen adressieren musst, wenn du ihnen wirklich gerecht zu werden wünschst. Was hat es mit diesen vier Dimensionen auf sich?

Du kannst sie dir erschließen, indem du dich fragst, wie du dich eigentlich zu dir selbst verhältst. Welche Begriffe stehen dir zu Gebote, wenn du von dir selbst sprichst? Mal sprichst du von deinem Körper, zum Beispiel wenn du sagst: »Das tut mir weh.« Mal sprichst du von deinem Ego, etwa wenn du sagst: »Ich will« oder »Ich habe«. Viele Menschen kennen nur diese zwei Weisen, sich zu sich selbst zu verhalten: entweder zu sich als ihrem Körper oder zu sich als ihrem bewussten, wollenden Ich, mit dem sie sich identifizieren. Unsere Sprache gibt jedoch zu erkennen, dass es auch andere Weisen des Selbstverstehens gibt. Verdichtet sind sie in Wörtern wie *Seele* oder *Geist*. »Du meine Seele, singe!« heißt es in einem alten Kirchenlied. Und in der Bibel sagt Jesus: »In deine Hände befehle ich meinen Geist.«

Diese Beispiele legen den Trugschluss nahe, Geist und Seele seien Themen der Religion und gingen uns deshalb nichts mehr an. So leicht sollten wir es uns aber nicht machen, denn beide Wörter begleiten die Menschheit schon seit Tausenden von Jahren. Und das mit gutem Grund, denn sie bezeichnen tatsächlich Dimensionen unseres Seins, die nicht ausgeblendet werden sollten. Das Ich, mit dem wir uns für gewöhnlich identifizieren, ist bei Lichte besehen nicht das, was wir wirklich sind, sondern nur die *Ansicht*, die wir von uns haben: wie die Oberfläche einer Kugel, die auch nicht mit der Kugel selbst verwechselt werden sollte. Denn da ist noch etwas in der Tiefe, in der dritten Dimension. Ebenso verhält es sich mit uns: Hinter der Ich-Oberfläche, mit der wir uns identifizieren und die wir der Welt präsentieren, verbirgt sich unsere eigentliche Person (von lateinisch *personare*: *das, was durch* [*per*] *die Oberfläche tönt* [*sonare*]): das, was wir sind, auch wenn wir uns dessen nicht bewusst sind oder nicht bewusst sein wollen. Und auch damit ist die Komplexität unseres Menschseins noch nicht erschöpft, denn da ist noch eine vierte Dimension, die in uns wirkt und uns gelegentlich ergreift, wenn wir *begeistert* sind: die Dimension des Geistes, die viel größer ist als unser Leib, als unser Ich und unsere Seele: die uns wie die Luft umweht, die wir nicht spüren und auch nicht gewahren, bis uns die Begeisterung ergreift – bis wir *inspiriert*, von einem guten Geist (*spiritus*) ergriffen sind; ganz wie der zum Esel mutierte Lucius in Apuleius' Roman zuletzt durch ein spirituelles Geschehen seine Menschlichkeit zurückgewinnt.

Menschen sind Wesen, die physiologische, rationale, emotionale und spirituelle Aspekte in sich vereinen. Eine humane Führungskunst besticht dadurch, dass sie dieser Mehrdimensionalität der Menschen Rechnung trägt und dafür sorgt, dass ihr *Körper* ebenso wie ihr *Intellekt*, ihre *Seele* ebenso wie ihr *Geist* genährt werden. Eine humane, menschenzentrierte Arbeitswelt oder Unternehmenskultur adressiert den Menschen in diesen vier Dimensionen seines Seins. Denn nur wenn der Mensch in allen vier Dimensionen seines Seins angesprochen und genährt wird, kann er seine Talente voll entfalten und zum Erfolg des Unternehmens beitragen. Und wie geht das?

Als leibliches oder physisches Wesen bist du auf gesunde Rahmenbedingungen angewiesen: Du brauchst Licht, um klar zu sehen; du brauchst Ruhe, um dich zu konzentrieren; du brauchst ergonomisch gestaltete Werkzeuge und Möbelstücke, um reibungslos deiner Tätigkeit nachzugehen; du brauchst frische Luft, um dich wach zu halten; du brauchst hochwertige Nahrungsmittel, um gesund zu bleiben. All das solltest du als Führungskraft sowohl für dich als auch für deine Kolleginnen und Kollegen gewährleisten. Auch ihr physisches Wohl ist dir anvertraut.

Als intellektuelles oder rationales Wesen verfolgen die Menschen Pläne, Interessen und Ziele. Daraus beziehen sie ihren Antrieb und ihre Motivation. Darauf richten sie ihren Willen. Als Führungskraft solltest du das wissen und damit rechnen. Du tust gut daran, ihre Wünsche in Erfahrung zu bringen, um sie mit den von dir verfolgten Zielen und Plänen abzugleichen. So kannst du ihnen Perspektiven öffnen, die ihrer Arbeit eine sinnvolle Richtung geben: so, dass sie ihr Tun als sinnvoll, rational und vernünftig erleben.

Menschen sind darüber hinaus aber auch emotionale Wesen. Hinter ihrer oft coolen und rationalen Fassade wohnt eine empfindsame Seele, die sie mit zur Arbeit bringen. Die Seele kommuniziert mit der Welt über Gefühle, die meist viel mächtiger und einflussreicher sind als Gedanken und Konzepte. Gute Führung weiß darum. Sie sorgt dafür, dass die Menschen, mit denen du arbeitest, sich wohlfühlen. Nicht im Sinne von Wellness und Dutzidutzidai-Getue – sondern im Sinne von Schönheit und Ästhetik. Wenn du erfolgreich führen möchtest, bist du gut beraten, viel Aufmerksamkeit auf Architektur und Kunst zu verwenden. Ein schönes, ansprechendes, ästhetisch hochwertiges Umfeld nährt die Kräfte der Seele und beflügelt die Gefühle.

Und auch das ist noch nicht alles. Menschen sind zudem spirituelle Wesen, die sich – wie der Esel Lucius im Roman des Apuleius – auf oft diffuse Weise nach geistiger Inspiration und Erfüllung sehnen: nach etwas, das ihrem Leben Sinn gibt. In früheren Zeiten zog es sie deshalb in Tempel und Kirchen. Heute bleibt diese Suche häufig obdachlos und führt zu einer rastlosen Irrfahrt zu allen möglichen – leider oft dubiosen – Sinnversprechen. Das muss aber nicht sein. Als Führungskraft liegt es an dir, in deinem Umfeld Geist zu kultivieren: jenseits des operativen Geschäftes mit den Menschen über Themen zu reden, die sie wirklich berühren. Dafür Raum zu geben, ist die echte Meisterschaft der Führungskunst. Ob es dir schmeckt oder nicht: In der Arbeitswelt von heute bist du als Führungskraft immer auch als Seelsorger und Philosoph gefragt.

INTUITION

Um die Schritte klug zu lenken,

muss ein Esel nicht lang denken.

Asinus Sapiens, der weise Esel des Agrippa von Nettesheim

Im Jahre 1530 war's, da schrieb der deutsche Humanist Agrippa von Nettesheim (1486–1535) ein denkwürdiges Loblied auf den Esel: *Ad encomium Asini digresso* heißt das Stück. Zu Deutsch: *Abschweifung zum Lob des Esels.* Zwar sitzt auch er dem alten Irrtum auf, das Langohr sei ein ausgemachter Dummkopf, doch machte der gelehrte Mann die Not zu einer Tugend, indem er dem Esel eine höhere Weisheit als die schnöde Menschenklugheit und -gelehrsamkeit bescheidet: ein intuitives, situatives Wissen, das man bei gelehrten Professoren oft vermisse.

Begeistert und mit Zustimmung zitiert Agrippa deshalb ein altes lateinisches Sprichwort: *Asinum portare mysteria – Der Esel trägt Geheimnisse.* Er sei ein nachgerade prophetisches oder schamanisches Wesen, dessen nach außen getragene Langsamkeit und Duldsamkeit in Wahrheit einen Sinn verberge, der mit der Welt der Geister und Dämonen in Beziehung stehe. Von Bileams achtsamer Eselin haben wir bereits vernommen. Doch bei Agrippa findet man noch andere Berichte von weissagenden, mystisch inspirierten Eseln, wie etwa von jenem Tier des römischen Feldherren Valerius, der zu erzählen pflegte, er sei einmal einer Gefahr durch Rat und Führung eines Esels entkommen, weshalb er alles Glück alleine seinem Esel verdanke. Und als die Quintessenz seines Abrisses über die Geschichte der Eselsweisheiten bemerkt Agrippa mit Emphase: »Aus diesem allen nun, was jetzo ist gesaget worden, erhellet ja klarer als die Sonne, dass kein Tier der göttlichen Sachen so fähig sei als der Esel. Und in dieses Tier müsset ihr verwandelt werden, wann ihr die göttlichen Geheimnisse tragen wollt.«

Nicht Klugheit oder Strategie, sondern Gespür und Intuition zeichnen den weisen Esel des Agrippa aus. Weshalb denn der, »welcher die Weisheit studieret, muss notwendig eines Esels Art an sich haben«. Denn immer wieder habe sich erwiesen: »Es siehet oftmals ein simpler und einfältiger Mensch dasjenige, was einer, der mit vielen Wissenschaften verderbt und ein großer Schulen-Lehrer sein will, nicht siehet« – eine Kompetenz, die Agrippas Zeitgenosse Nikolaus von Kues als *docta ignorantia* feierte: als die *gelehrte Unwissenheit*.

Was Intuition, Gespür und Vorahnung betrifft, scheint der Esel jedem Menschen überlegen. Und das nicht ohne Grund. In der Tat verfügt der Esel über einen siebten Sinn, wenn es darum geht, Gefahren aus dem Weg zu gehen. Allem Anschein nach hängt dieser siebte Sinn mit seiner ruhigen

Bedächtigkeit zusammen. Er läuft nicht blindlings los und lässt sich nicht auf Ungewisses ein. Stattdessen steht er still und wartet auf die Eingebung. Beinahe so wie Sokrates, von dem erzählt wird, er sei zuweilen mitten auf der Straße stehen geblieben, um einer Eingebung zu folgen. Gefragt, warum er solches tue, sagte er, sein Schutzgeist – sein *Daimonion* – habe ihn angewiesen anzuhalten.

Sind Esel ebenfalls dämonische Wesen? Wer weiß. Aber ein feines Gespür haben sie unbedingt – gerade für dasjenige, was menschliche Geschäftigkeit gern übersieht. So scheint nicht völlig grundlos, was Agrippa von Nettesheim an Nettigkeiten über die Esel verbreitete. Den Gelehrten seiner Zeit jedenfalls riet er voll eseliger Inbrunst: »Wofern ihr nicht mit Sack und Pack der menschlichen Wissenschaften die Löwenhaut [...] abziehet und eine Eselshaut an euch nehmet, so werdet ihr die göttliche Weisheit und Geheimnisse zu tragen recht ungeschickt und nichts nütze sein.«

o o o

Intuition. Einer der größten Irrtümer, denen du als Führungskraft erliegen kannst, ist der Glaube, es gäbe auf alle Fragen die eine richtige Antwort und für jedes Problem die eine richtige Lösung. So einfach ist es eben nicht. Die eine richtige Antwort gibt es allenfalls in der Mathematik (und selbst da nicht immer) und die eine richtige Lösung findet man vielleicht in der Wissenschaft. Aber dort gilt eine ganz andere Logik als in der Führungskunst. In Mathematik und Wissenschaft hat man es mit einer verlässlichen Logik und beständigen Naturgesetzen zu tun – in der Führungskunst mit komplexen, vielschichtigen und mit vielen Unbekannten versehenen Entscheidungssituationen. Da hilft kein theoretisches Wissen, da helfen auch keine Rezepte – da helfen noch nicht einmal algorithmisch optimierte Berechnungen, sondern da hilft oft nur dein gesunder Menschenverstand; oder wenn du es etwas vornehmer formuliert haben möchtest: Da hilft nur eine gesunde Urteilskraft bzw. praktische Vernunft.

Die alten Philosophen wussten darum. Aristoteles zum Beispiel, der ein Kapitel seiner *Nikomachischen Ethik* demjenigen widmete, was die Griechen *phronesis* nannten: eine besondere Form menschlicher Intelligenz, die gerade nicht darin besteht, nach Maßgabe von Wahrscheinlichkeiten zuverlässige Berechnungen darüber anzustellen, was hier und jetzt zu tun ist (wie es die Algorithmen der künstlichen Intelligenz in Aussicht stellen), sondern die situativ und intuitiv das Tunliche erkennt. Die Griechen verdichteten ihr Wissen über diese Form der Klugheit zur Gestalt ihrer Göttin Athene. Zahlreiche Mythen erzählen davon, wie sie den Helden und Heroen in einer konkreten Situation auf dem Schlachtfeld oder im Rat eine hilfreiche Eingebung schenkt, in deren Folge der Sieg errungen oder ein erfolgreicher Plan gefasst werden konnte. Dass auch wir für solche Widerfahrnisse noch das Wort *Eingebung* verwenden, gibt zu erkennen, wie sehr diese mythische Vorstellung auch heute noch fortlebt.

Heute würden wir anstelle von einer »Eingebung« vermutlich eher von einer Intuition reden, aber in der Sache geht es um dasselbe: eine Einsicht, eine Erkenntnis oder eine Verständigung, die sich nicht als das stringente Ergebnis einer kognitiven Operation deuten lassen, sondern als etwas, das gleichsam »von außen« über uns kommt, uns zufliegt – ganz so wie es die alte Mythologie auch in der Gestalt des Gottes Kairos imaginierte: des rechten Augenblicks, der vor dem Angesicht einen üppigen Haarschopf trug, am Nacken aber kahl war – sodass man die von ihm gewährte Gelegenheit nur von vorne beim Schopf ergreifen kann. Aber ganz gleich, ob wir nun von Eingebung oder von Intuition reden: Klar ist, dass es sich dabei um eine Intelligenzform handelt, die sich nicht errechnen und deshalb auch nicht durch künstliche Intelligenzen substituieren lässt. Wenn es darum geht, als Führungskraft mit eselsgleicher Intuition die richtige Entscheidung zu treffen, braucht es eine praktische, nicht eine theoretische Intelligenz – ein situatives Verstehen, das sich immer nur im Augenblick bewährt; nicht ein abstraktes Wissen.

Vielleicht fragst du dich, wie man das lernen kann. Wenn ja, dann muss ich dich leider enttäuschen. Die *phronesis*, die praktische Klugheit, ist eine Kompetenz, die du dir nicht durch ein kognitives Studium erarbeiten kannst, sondern nur durch ein beharrliches, langwieriges Üben. Das aber ist möglich. Intuition ist mehr als ein angeborenes Bauchgefühl, das man entweder hat oder nicht. Du kannst sie kultivieren, indem du dich immer wieder darin übst, einen konkreten Augenblick auf dich wirken zu lassen. Das hat viel mit Klarheit und Achtsamkeit zu tun – und zwar mit einer Klarheit, die ihren Blick nicht trüben lässt durch die eignen Interessen, Pläne oder Bedürfnisse; auch nicht durch die mutmaßlichen Erwartungen anderer.

Die Kunst der Intuition besteht vor allem im klaren Blick für das, was *ist*: im Sich-hinein-Fühlen in die konkrete Situation und im Vertrauen darauf, dass die Handlungsimpulse, die in dir aufsteigen, zielführend sind. Wie gesagt: So etwas hat man nicht von alleine – allenfalls Kinder verfügen über eine sichere und reine Intuition. Wir Älteren müssen sie uns mühsam zurückerarbeiten. Aber es lohnt, denn der eigenen Intuition zu trauen, ist oft der beste Weg zum Ziel.

Intuition entsteht, wo Menschen achtsam sind: wo sie empfänglich sind und die Bereitschaft aufbringen, sich ganz dem hinzugeben, was sie gerade tun. Intuition ist eine Frucht der Selbstvergessenheit. Wo man in seiner Arbeit aufgeht und mit Hingabe sein Werk verrichtet, naht sie unbemerkt auf Eselshufen. Bis sie den kostbaren und unverhofften Einfall zuspielt. Sie ist die stille, freundliche Begleiterin auf allen kreativen Wegen. Nie drängt sie sich dem Menschen auf und meistens bleibt sie im Verborgenen. Es ist gewiss kein Zufall, dass die Menschen der Antike die *phronesis* in Frauengestalt imaginierten: Sie will unser Vertrauen – und wer es ihr entgegenbringt, wird reich von ihr belohnt.

LUST

Der Esel ist vital.

Er steht nicht gern am Pfahl.

Der Esel des Silenus

Den christlichen Theologen war der Esel stets ein Sinnbild ihres Glaubens: demütig und lastbar, friedfertig und sanftmütig. Es waren diese eher servilen Eigenschaften, die sie an Bruder Langohr schätzten und in denen sie ein Vorbild für das Christenleben sahen. Wie anders dachte da die griechische Antike. Für die alten Griechen war der Esel nicht der stille Dulder, sondern ein höchst potentes Wesen, das Ausschweifung und zügellosem Leben nicht abhold war. Der Esel stand für pralles Leben, auch für Erotik, Sex und Sinnlichkeit.

Nicht zufällig trifft man den Esel in antiken Darstellungen zumeist im Umkreis des Gottes Dionysos. Besonderer Popularität erfreut er sich dort als das Reittier des Silenus, der einst den jungen Gott erzog und seither stets in seinem Tross zu finden ist. Meistens ist Silenus betrunken. Und wenn er nicht betrunken ist, dann ist er geil. Ein bisschen rundlich ist er auch, nicht gerade eine Augenweide. Aber lebendig ist er, er folgt dem Gott, der Leben spendet. Und eben deshalb passt der Esel gut zu ihm. Auch er hat durchaus eine geile Seite. Auch Esel haben Spaß am Sex. Sie sind vital und zeigen dies zuzeiten. Das sichert ihnen ihren Platz in des Dionysos Gefolge.

Dionysos ist auch Doppelwesen: Sohn einer Sterblichen und eines Gottes. Die Mutter Selene starb im Feuer, als ihr Zeus in seiner ganzen Herrlichkeit und Macht erschien. Denn dessen Gattin Hera hatte Selene verblendet und dazu veranlasst, ihren Liebhaber zu bitten, sich einmal nur ihr so zu zeigen, wie er wirklich ist. Da schlug der Blitz in ihren schwangeren Leib und sie verglühte. Zeus rettete das Ungeborene, indem er es in seinen Schenkel pflanzte und es dort so lang austrug, bis es ein zweites Mal das Licht der Welt erblickte. Diese Geschichte passt zum Wesen des Dionysos. Er ist der Gott, der alles durcheinanderbringt: ein Gott, der mit zerstörerischer Kraft unter die Menschen kommt – nicht um sie zu strafen oder zu peinigen, sondern um Raum für Neues und Lebendiges zu schaffen.

Dionysos, so sahen ihn die Griechen, ist ein Garant für neues, echtes Leben. Wo immer er erscheint, ertönt Musik. Es wird getanzt und alles jauchzt in freudiger Ekstase. Silenus und seine Freunde, die Satyrn, springen mit erigierten Gliedern den Mänaden nach. Im Umkreis des Dionysos versinkt die Welt im Rausch des Lebens. Und mittendrin ertönt das herzhafte I-A von einem lebensfrohen Esel.

Einst zog Dionysos gemeinsam mit Hephaistos in die Schlacht gegen die unbotmäßigen Giganten.

Auf Eseln ritten sie, sagt die Legende. Und das war klug, denn kaum, dass ihre Tiere die Giganten sahen, erscholl ein lautes Brüllen, das die Feinde rasend machte. Noch nie hatten die Riesen solch ein Mark und Bein erschütterndes Gebrüll vernommen. Sie glaubten, eine Bestie bedrohe sie und stoben panisch davon. Aus Dankbarkeit, so heißt es weiter, hatten die Götter daraufhin den Eseln die Unsterblichkeit geschenkt. Sie wurden in den Kreis der ewigen Sterne aufgenommen und schimmern seither nachts im Sternzeichen des Krebses.

Der alte Silen aber reitet weiterhin auf seinem Esel durch die Zeit. Stets fröhlich und berauscht, stets voller Lust auf Leben – als Freunde von Schönheit und Heiterkeit. Wohl geht es manchmal wild zu, wo das lebensfrohe Paar erscheint. Manchmal geht Lebloses und Lebensfeindliches zu Bruch. Doch gerade dann herrscht neuer Raum fürs echte Leben – doch gerade dann entzündet sich Lebendigkeit.

o o o

Lust ist Energie. Lust ist Motivation. Lust ist Freude. Wenn du keine Lust hast, kannst du nichts bewirken. Wenn du lustlos ins Büro kommst, wirst du niemanden für irgendwas begeistern. Ohne

Lust an dem zu haben, was du tust, fliegst du früher oder später aus der Kurve. Lust ist dein Treibstoff. Lust lässt dich lebendig sein. Lust ist Leidenschaft. Lust ist Lebendigkeit. Wenn es dir gelingt, so wie der Esel des Silenus die pralle Lebenslust in deine Arbeitswelt zu tragen, kannst du Unvorstellbares bewirken. Also sieh zu, dass dir nicht die Lust vergeht.

Deshalb frage dich, was du dafür tun kannst, dass dir Lust und Leidenschaft nicht vor der Zeit abhandenkommen. Dazu kann uns die Geschichte von Silenus und dem Esel einige Erkenntnisse verschaffen. Denn die alten Griechen kannten sich mit Lust und Leidenschaft gut aus. Kein anderes Volk war so darauf erpicht, die Potenziale der Lebendigkeit auszuschöpfen wie sie. Und kein anderer Mythos zeugt von dieser Haltung so sehr wie der Mythos des Dionysos, aus dem der Esel des Silenus uns entgegentrabt.

Dionysos galt den alten Griechen als der Gott der trunkenen Lust. Wo immer er in Erscheinung trat, entfesselte er einen Rausch urtümlicher Lebendigkeit. Dies konnte ein durchaus schmerzhafter Vorgang sein, denn um dem Leben Raum zu geben, kann es nötig sein, erstarrte Formen aufzulösen, morsche Denkgebäude preiszugeben, lendenlahme Konventionen loszulassen. Das mag aus Sicht der

Sachwalter des Bestehenden der helle *Wahnsinn* sein – weshalb Dionysos häufig auch als wahnsinniger Gott beschrieben wurde –, aber aus der Sicht des Neuen, Künftigen erscheint es als Befreiung, Rettung oder Heilung.

Ganz ähnlich kann es dir ergehen, wenn du echte und tiefgreifende Veränderungen in der Firma umsetzen möchtest. Dir wird ein scharfer Wind entgegenwehen, man wird dich für »wahnsinnig« erklären oder dir unterstellen, du seist verrückt geworden; aber wie der Esel des Silen wirst du dich nicht darum scheren: Denn dich reitet die Lust auf die Zukunft, die Begeisterung durch einen Geist des Wandels und der Disruption: der schöpferischen Zerstörung. Ohne diesen dionysischen Impuls würdest du für immer auf der Stelle treten und das Unternehmen langsam sterben lassen. Du würdest dich damit begnügen, die Bestände zu verwalten, und in Administration erstarren. Die Begeisterung fürs Neue aber gibt dir Kraft und Energie. Und du stehst nicht eher still, als dass das Ziel erreicht ist.

Diese von Dionysos gewirkte Kraft und Energie nannten die alten Griechen *Eros*. Dabei dachten sie nicht primär an Sex, sondern an die lustvolle und leidenschaftliche Liebe, die jeder von uns kennt, der einmal in seinem Leben verliebt war. Und wenn auch du zu diesen Menschen zählst, dann wirst du wissen, dass die Energie des Eros wahre Wunder wirken kann. Verliebte sind wahrhaft transformationsfähig. Es kann geschehen, dass sie alles aufgeben und radikal mit der Vergangenheit brechen, nur um ihrer Liebe nachgehen zu können. Das kann eine sexuelle Komponente haben, muss es aber nicht. Die Griechen kannten zahlreiche Erscheinungsformen des Eros. Was ihnen aber allen gemein ist, das ist das schöpferische Potenzial, die kreative Potenz, die allen eignet, die vom Eros ergriffen sind.

Der alte Silenus aus dem Gefolge des Dionysos ist eine Art Symbolfigur für diese transformative erotische Kraft – die begeisterte Leidenschaft, die wie nichts anderes sonst Veränderung zu stimulieren in der Lage ist. Und der Esel, auf dem er reitet, steht für eine Qualität von Führungskräften, die du niemals unterschätzen solltest: die Fähigkeit, dich zum Sachwalter des Lebendigen zu machen. Er steht für Leidenschaft und Lust aufs Neue, für Begeisterung und disruptive Energie. Er steht für die Bereitschaft, auch gegen Widerstände genau das in ein Unternehmen zu tragen, was es braucht, um seine Zukunft zu erobern, zu wachsen, die Mitarbeiter zu begeistern oder gar in einen Rausch zu versetzen. Selbst dann, wenn sie dich alle für verrückt erklären, wird dir das nicht die Lust verderben.

NEUGIER

Esel gieren nach dem Neuen,

Stillstand pflegen sie zu scheuen.

Moro, der Esel aus den Kinderbüchern von Kurt Eigl

Er ist vielleicht nicht gerade der prominenteste aller literarischen Esel, war dafür aber der treue Begleiter einer ganzen Generation von heute um die 60-Jährigen; und auch das nicht überall, wohl aber in Österreich, wo Moro als Held einer Kinderbuch-Serie Berühmtheit erlangte. Die Heimat des kleinen schwarzen Esels liegt dabei viel weiter südlich. So erzählt es zumindest Autor Kurt Eigl, der die Handlung seines ersten *Moro*-Buchs in einen Badeort namens Luka auf einer italienischen Insel verlegt hat. Dort lebt der kleine Esel unter den treu sorgenden Augen seiner Freundin Nikola, mit der er gern die Badegäste auf dem Campingplatz seines Heimatortes besucht. So auch in dem wunderschönen Sommer, als Familie Fuchs aus Unterkirchbach in Kärnten nach Luka reiste und dort famose Abenteuer mit dem kleinen schwarzen Freund erlebte.

Vor allem die Kinder der Familie Fuchs, Veronika und Thomas, schlossen das Eselchen in ihr Herz – und zwar so sehr, dass sie ihre Eltern dazu überredeten, ihre neue Freundin Nikola nebst Esel Moro für die nächsten Ferien nach Kärnten einzuladen. Nach einigem Hin und Her stimmt

Nikolas Mutter dem Vorhaben zu und auch Moro bekräftigt seine Reiselust mit einem herzhaften Iiaah! Dann kommt der Tag des Aufbruchs. Moro wird – nach gutem italienischem Brauch – mit allerlei essbaren Geschenken für die gastfreundlichen Österreicher beladen und wagt sich auf das schwankende Dampfschiff. Er fühlt sich anfangs etwas unwohl, freundet sich aber bald schon mit der neuen Umgebung an und schaut mit großen Augen über die Reling. »Moro machte sich allerlei Gedanken, wohin die Seereise gehen könnte. Aber weil er es sich gar nicht vorstellen konnte, gab er das Grübeln auf und freute sich an den vielen Inseln, an denen das Schiff vorbeizog; er beschloss, sich überraschen zu lassen« – eine Entscheidung, die sich voll und ganz bewähren wird, da die weitere Reise dem Eselchen zu einem einzigen Fest gerät: In Unterkirchbach wird er freudig aufgenommen, leistet gute Dienste und erfreut sich allseits der größten Popularität.

Und die Moral von der Geschicht ... liegt auf der Hand. Moro vereint in sich ein ganzes Bündel von Tugenden, die es ihm möglich machen, aufzubrechen, über sich hinauszuwachsen und damit erfolgreich zu sein: Vertrauen, Gelassenheit, Mut und Neugier. Das alles hängt miteinander zusammen, wobei das Vertrauen das Fundament von allem Weiteren sein dürfte. Moro vertraut dem Mädchen Nikola. Er kann sich auf sie verlassen – und sie kann sich auf ihn verlassen. Das macht die beiden zu einem starken Team: einem starken Team, das sich wechselseitig motiviert und stärkt und deshalb auch als Team den Mut hat, neue Wege zu beschreiten und die Komfortzone hinter sich zu lassen. Mit dem Mut einher geht die Gelassenheit. Moro macht sich gar keine großen Gedanken darum, wohin die Reise gehen wird. Er vertraut darauf, dass alles seine Richtigkeit hat. Er vertraut auf Nikola und die nette Crew des Schiffes, dem er sich anvertraut hat. Vielleicht ist das die schönste Form des Mutes: ein Mut, der sich nicht überwinden muss, sondern der in dem Vertrauen eines starken Herzens gründet: eine Beherztheit, die in einem gelassenen Herzen wurzelt, das sich auf das Leben einzulassen weiß.

Und das alles führt zuletzt zu einer unverkrampften Neugier: dieser freudigen Hinwendung zum Neuen und Anderen, ja auch zum Fremden und manchmal gar Befremdlichen. Moro möchte gerne Neues kennenlernen – doch nicht, weil er sich davon einen persönlichen Vorteil verspricht, sondern weil er daran wachsen oder reifen möchte. Deshalb lässt sich Moro auch so gerne überraschen. Er weiß – oder ahnt –, dass es die unberechenbaren

Überraschungen sind, die einen im Leben voranbringen. Ihnen gilt es, sich offenzuhalten. Und eben diese Offenheit ist Neugier.

o o o

Neugier ist ein starker Motor für Veränderung. Das Wort allein verrät es: Wie solltest du Neues schaffen können, wenn du nicht nach Neuem *gieren* würdest? Freilich klingt das Wörtchen *Gier* in unseren Ohren etwas grob und animalisch. Für einen Esel mag das passen, aber doch nicht für einen Menschen. Für unsereinen wäre »Sehnsucht nach Erneuerung« oder »Liebe zur Innovation« vermutlich stimmiger. Tatsächlich stammt das Wort *Neugier* aber aus einer Zeit, in der das *Gieren* bzw. das *Begehren* semantisch weniger negativ konnotiert war – so wie das lateinische *curiositas*, das vom heiligen Augustinus als eine wichtige menschliche Tugend gefeiert wurde – ein Wort, das in unserem Wort *kurios* nachklingt, mit dem wir etwas Erstaunliches und Faszinierendes bezeichnen. Lass uns also für einen Augenblick daran denken, wenn wir über die Neugier als eine Führungskompetenz nachdenken. Denn darum geht es bei der Neugier, die wir uns gerade bei Moro anschauten: um die Freude am Ungewöhnlichen, die Lust am Unbekannten, den Spaß daran, die Komfortzone zu verlassen und *out of the box* zu gehen.

Als Führungskraft bist du gut beraten, dich von deiner Neugier leiten zu lassen – ganz so, wie sich der weise Eselstreiber der Führung seines Esels anvertraut. Die Neugier weckt das Kind in dir: das Kind, das Neues lernen oder ausprobieren möchte; das Lust auf Abenteuer und Entdeckung hat. Eben dieser Lust verdankt sich ein großer Teil der Fortschritts- und Entwicklungsgeschichte. Und sie ist das Herzstück eines jeden Unternehmertums. So jedenfalls dachten die Pioniere der neuzeitlichen Ökonomie den Entrepreneur: als einen *Venturer*, der mit kühnem Blick und Abenteuerlust sein Unternehmensschiff in eine ungewisse Zukunft lenkt, die zu entdecken und zu erkunden ihn die Neugier treibt.

Als Führungskraft wird deine Neugier dich jedoch zunächst einmal zu denen treiben, für die du in der Verantwortung stehst: Was ist das eigentlich für eine Kollegin? Welche Potenziale stecken in ihr? Womit kannst du sie begeistern? Sich für andere zu interessieren, ist der Anfang aller Führungskunst. Und daran ist gewiss nichts Unanständiges, wenn es dir dabei darum zu tun ist, diese Menschen in ihrer persönlichen Entwicklung zu fördern und auf diese Weise etwas zum Gelingen der Unternehmung beizusteuern. Diese Neugier speist sich nicht aus Eigeninteresse oder Selbstsucht, sondern aus der Freude an Verbundenheit. Deshalb kennt sie ihre Grenzen. Eine gesunde Neugier ist nicht indiskret und auch nicht übergriffig. Ihr geht es nicht um Herrschaft über andere und anderes, sondern um echtes Kennenlernen.

Die Neugier ist eine Schwester des Mutes. Sie hilft dir über die Schwelle. Dabei zieht sie dich mehr, als du dich selbst schieben müsstest. Ihr Fokus ist bei dem, was sie in dir geweckt hat. Magnetisch zieht es dich an: Was ist das für ein Mensch? Was ist das für ein Land? Was ist das für ein Produkt? Fragen sind das Mastertool der Neugier. Jede echte Frage verleiht ihr Ausdruck. Deshalb tust du gut daran, den Menschen deiner Umgebung mit Fragen aufzuwarten: Frag sie, was sie beschäftigt, wofür sie brennen, was ihnen Kummer macht und was du für sie tun kannst ...

NATÜRLICHKEIT

Esel sind nie ungebührlich,

sie sind allenfalls natürlich.

Benjamin, der kleine Esel aus dem Kinderbuch von Hans Limmer

Es war die große Zeit der Aussteiger und Hippies. Die Rede ist vom Sommer 68: An den Universitäten gärte die Rebellion. Die Kommune 1 versuchte sich in freier Liebe. Jimi Hendrix peinigte seine Gitarre. In Prag träumte ein ganzes Volk vom menschlichen Gesicht des Sozialismus. Und auf der Insel Lesbos verliebte sich ein kleines Mädchen namens Susi in den Esel Benjamin.

Vermutlich wäre diese Liebe nie bekannt geworden, wenn nicht der Vater jener kleinen Susi ein Marketing-Genie gewesen wäre. Hans Limmer heißt der Mann, der mit Frau und Susi nach Griechenland ausgewandert war, um sich in der Ortschaft Lindos einer Künstlerkolonie anzuschließen. Dort arrangierte er die Lovestory von Esel Benjamin und Susi. Gemeinsam mit dem Fotografen Lennart Osbeck entstand im *Summer of 68* »die erstaunliche, aber bestimmt wahre Geschichte für Kinder und große Leute«: eine Eloge an das naturverbundene Leben – frei von Entfremdung und frei von bürgerlichem Muff: ein Märchen für die *Children of the Revolution* – doch in der Hauptrolle nicht T. Rex, sondern ein kleines, süßes Eselsfohlen.

Die Foto-Lovestory von Benjamin und Susi wurde nachgestellt. Die Frau des Fotografen spielte Susis Mama, und in die Rolle des Herrn Papa schlüpfte ein befreundeter Maler aus der Künstlerkolonie. Nur Susi spielte sich selbst. Genau wie Benjamin, den Lennart Osbeck eigenen Angaben zufolge am Meeresstrand entdeckt hatte. So ähnlich fängt auch die Romanze an: Mit ihrem Papa rettet Susi einen kleinen Esel, der sich in einer Felsspalte verfangen hat. Die beiden nehmen Bruder Langohr bei sich auf und geben ihm den Namen Benjamin. Doch eines schlimmen Morgens wacht die kleine Susi auf und stellt erschüttert fest, dass Benjamin sich aus dem Staub gemacht hat. Klein Susi läuft dem Esel nach, hinaus aufs freie Land – man könnte sagen: in die Wildnis –, wo sie sich prompt verläuft und nicht mehr weiß, wie sie nach Hause finden soll. Das arme Kind ist außer sich, und Tränen kullern über ihre Wangen. Nun ist der große Augenblick gekommen: Der gute Benjamin stupst seine kleine Freundin mit der Nase und führt sie zielsicher zurück nach Haus. Ein durchaus bürgerliches Happy End, was manchen Kritiker dazu veranlasste, die ganze Story als bourgeoises Machwerk zu verdammen.

Dabei geht es in Wahrheit um ein großes Thema: Es geht um die Versöhnung von Natur und

Mensch – um ein natürliches, naturgemäßes Leben, ein Leben frei von Ausbeutung und Umweltzerstörung. Es geht um eine Welt, in der der Knecht (Esel) zum Freund wird, in der sich Kreatur und Mensch in Liebe und auf Augenhöhe treffen. Wenn das keine revolutionäre Vision ist.

o o o

Die **Natur** ist unsere Heimat. Sie hat uns hervorgebracht. Nicht umsonst nennt man sie *Mutter*. Ihr treu zu bleiben, steht uns gut an. Was aber meistens nicht geschieht. Im Zuge der Geschichte hat sich der Mensch von der Natur entfremdet. Er glaubt, sie beherrschen und sie seinem Willen untertan machen zu müssen. Doch darin täuscht er sich und stürzt sich in sein Unheil: Die Meere sind überhitzt, der Boden ist vergiftet, das Klima spielt verrückt. Es ist nicht gut, der eigenen Mutter Gewalt anzutun. Besser ist es, mit ihr im Einklang zu leben: naturgemäß und natürlich.

Leben im Einklang mit der Natur – *zēn kata physin*: Das war für die Menschen der griechischen Antike die Formel für ein gutes Leben. Anders als der Mensch der Neuzeit, der sich seit den Tagen des René Descartes dazu ermächtigt fühlt, sich als *maître et possesseur de la nature* zu sehen, und denkt, von seinem Schöpfer eine Lizenz zur hemmungslosen

Naturausbeutung erhalten zu haben, wusste sich der Mensch der Antike eingewoben in das große Netz des Lebens. Die Welt war ihm ein *kósmos* – eine schöne Ordnung. Er fühlte sich in ihr zu Hause. Die Natur selbst war ihm ein Tempel seiner Göttinnen und Götter, die ihm überall begegnen konnten. »Alles ist voller Gottheiten«, sagte nicht zufällig der erste der europäischen Philosophen: Thales von Milet.

Weil ihnen die lebendige Welt so wohlgeordnet, schön und göttlich schien, schickten sich die Griechen an, ihrem Geheimnis auf die Spur zu kommen. Deshalb entwickelten sie die Naturwissenschaft, ursprünglich als eine *theōría*: eine betrachtende Schau, der es nicht darum zu tun war, die Natur beherrschbar zu machen, sondern sie zu verstehen – ihre Grundprinzipien zu erkunden. Und das nicht bloß aus Wissenslust und Neugier, sondern weil man davon ausging, dass ein tieferes Verständnis der lebendigen Natur den Menschen in die Lage versetzen würde, sein eigenes Leben angemessen zu ordnen. Die Überlegung war einfach: Man müsste nur die Grundprinzipien des *kósmos* bzw. der schönen Weltordnung ermitteln und auf die Bereiche des menschlichen Lebens anwenden – Politik, Ökonomie, Privatleben –, und das Leben gelänge in all diesen Bereichen: eine gerechte Gesellschaft, eine nachhaltige Wirtschaft, ein glückliches Leben.

Genau das war das Programm der antiken griechischen Philosophie von ihren ersten Anfängen im 7. Jahrhundert v. Chr. über die Klassiker Sokrates, Platon und Aristoteles bis zu den großen spätantiken Stoikern wie Marc Aurel, dem Denker auf dem Kaiserthron. Sie alle lehrten das einfache Prinzip: *zēn kata physin* – natürlich bzw. naturgemäß leben. Nur: Was genau bedeutet das? Die klassisch gewordene Antwort der griechischen Philosophie lässt sich auf ein einfaches Wort verdichten: *harmonía, Harmonie*. Denn eben das war es, was die *theōría* zu erkennen gab: Der *kósmos* ist ein großes Lebewesen – und wie alle Lebewesen ist er gesund genau dann, wenn alle die vielen einzelnen Teile dieser großen Weltordnung so zueinander ins Verhältnis gesetzt sind, dass sie zum einen ihr eigenes Wesen bekunden und entfalten können und dass sie zum anderen gemeinsam ein stimmiges, mit sich selbst einiges Ganzes bilden.

Ein naturgemäßes Leben – *zēn kata physin* – konnte also nur ein harmonisches Leben sein. Im Politischen erkannten die Griechen das Harmonie-Prinzip überall da umgesetzt, wo in einer Gesellschaft gerechte Verhältnisse herrschen: wo alle vor dem Gesetz gleich sind, gleiche Chancen haben und gleichermaßen über die Belange des Gemeinwesens mitentscheiden können. So erfanden sie die Demokratie. In der *oikonomía*, der Wirtschaft, sahen sie das Harmonie-Prinzip dort angewandt, wo ein Unternehmen nicht mehr erwirtschaftet, als es für ein würdevolles und freies Leben seiner Angehörigen benötigt – und dies auf eine Art und Weise, die ihm zum einen ein möglichst langes Bestehen erlaubt und zum anderen die Grenzen des natürlichen Wachstums achtet. Und im Leben eines Einzelnen schien ihnen das gute Leben dort zu wachsen, wo es Menschen gelingt, ihre Rationalität, Emotionalität und Affektivität in ein stimmiges Verhältnis zu setzen, sodass man mit sich selbst im Einklang ist. So zu leben, schien den alten Griechen weise. Und tatsächlich ist es diese, ihre Weisheit, die du heute brauchst, wenn du als Führungskraft deiner Verantwortung genügen willst: deiner Verantwortung für deine Mitarbeiter, deiner Verantwortung gegenüber dem Unternehmen, deiner Verantwortung gegenüber der Gesellschaft, deiner Verantwortung für die Natur.

Weise ist es, die ehernen Prinzipien der Natur, deren Teil du bist und die dich hervorgebracht hat, sorgsam zu beachten und zu operationalisieren. Weise ist es, nicht nach deinem eigenen Vorteil zu schielen, sondern das System, dem du angehörst, in einem Zustand stimmiger Harmonie zu halten: es in eine schöne Ordnung zu versetzen, einen *kósmos* zu erzeugen. Das aber bedeutet: unter deinen Mitarbeitern für gerechte Verhältnisse zu sorgen – darauf achtzugeben, dass alle ihre eigenen Talente entfalten und dabei doch ein stimmiges Ganzes bilden können. Es bedeutet: die natürlichen ebenso wie die humanen Ressourcen nicht gedankenlos auszubeuten, sondern immer das rechte Maß zu wahren – das rechte Maß, das darin besteht, dass weder das soziale noch das ökologische Gleichgewicht zerrüttet werden darf. Und es bedeutet im Blick auf dich selbst: deine Gefühle und Affekte zuzulassen, verwundbar zu sein, dir und anderen nichts vorzuspielen, nichts zu verbergen und nichts zu strapazieren, sondern mit dir im Einklang zu sein – *natürlich* eben; ungekünstelt und authentisch.

Natürlichkeit ist eine Qualität, die wir nicht nur an Kindern schätzen. Natürlichkeit ist ein Ausweis echter Führungskompetenz. Weil natürliche Menschen an dem Maß nehmen, was wahrhaft maßgeblich ist: am Leben selbst, an der Natur, am Kosmos. Wenn es dir gelingt, die Rückbindung ans große Ganze treu in deinem Herzen zu bewahren und das kosmische Prinzip der Harmonie in allen deinen Entscheidungen zur Geltung zu bringen: dann wirst du zu einer weisen Führungskraft, und dein Werk wird schön und sinnvoll sein.

POESIE

Der Esel gilt als Musikant,

singt er auch nicht sehr elegant.

Asinarius, das Eselein aus dem gleichnamigen Märchen der Gebrüder Grimm

Gemeinhin stehen Esel nicht gerade im Ruf, begabte Sänger zu sein. Zu eintönig und krächzend tönt ihr I-A durch die ländlichen Regionen. Auch als Musikanten lässt man sie eher ungern gelten. So gesehen ist es recht verwunderlich, dass in alten Märchen oder Mythen erstaunlich häufig musizierende Esel auftauchen. Zum Beispiel Asinarius (dt.: das *Eselein*; nicht gerade ein origineller Name für Bruder Langohr), ein recht manierlicher Esel, von dem die Gebrüder Grimm in ihrer Märchensammlung eine reizende Geschichte erzählen.

Das Eselein Asinarius war Kind eines Königs und einer Königin. Die beiden waren lange kinderlos geblieben, und als die Königin zuletzt doch schwanger war und es ans Gebären ging, da kam zu ihrem großen Schrecken ein kleiner Esel auf die Welt. Sie wollte jenes ungewollte Kind sogleich ersäufen, doch ihr königlicher Gatte gebot ihr Einhalt und erklärte, der Esel sei von Gott gegeben, und also solle er sein Sohn und Erbe sein. So nahm das Paar das Eselein an Kindes statt an. Und nun wird's interessant: Denn Asinarius, so sagt das Märchen, »war aber sonst fröhlicher Art, sprang herum, spielte und hatte besonders seine Lust an der Musik, so dass es zu einem berühmten Spielmann ging und sprach ›lehre mich deine Kunst, dass ich so gut die Laute schlagen kann als du.‹«

Der Meister sträubt sich erst, doch schließlich gibt er nach. Schon bald wird er in seiner Meisterschaft vom Esel übertroffen. Den aber packt die Depression, weil er begreift, dass sein unfeines Äußeres seinen musikalischen Karriereambitionen im Wege stehen wird. Und also zieht er in die weite Welt.

So kommt Asinarius an einen anderen Königshof und bittet dort um Einlass. »Als aber nicht aufgetan ward, setzte er sich hin, nahm seine Laute und schlug sie mit seinen zwei Vorderfüßen aufs lieblichste. Da sperrte der Türhüter gewaltig die Augen auf, lief zum König und sprach: ›Da draußen sitzt ein junges Eselein vor dem Tor, das schlägt die Laute so gut als ein gelernter Meister.‹ ›So lass mir den Musikanten hereinkommen‹, sprach der König. Wie aber ein Eselein hereintrat, fing alles an, über den Lautenschläger zu lachen. Nun sollte das Eselein unten zu den Knechten gesetzt und gespeist werden, es ward aber unwillig und sprach: ›Ich bin kein gemeines Stalleselein, ich bin ein vornehmes‹« – wie sich denn später auch bewahrheiten wird. Denn mit der Zeit lässt sich der König von des Esels Kunst bezaubern, was so weit geht, dass er ihm gar die Hand seiner geliebten Tochter verspricht. So ehelicht der eselige Musikant die schöne Königstochter – und sobald die beiden sich zur Hochzeitsnacht zurückgezogen haben, wird das Eselein zum Menschen. Wunder über Wunder!

So merkwürdig diese Geschichte ist, so steht sie doch in einer langen Tradition und ist wohl nur von dieser her zu deuten. Von ihr berichtet der Musikwissenschaftler Martin Vogel. In seiner Studie *Onos lyras. Der Esel mit der Leier* hat er dargelegt, dass in grauer Vorzeit die sogenannten »Eselsmänner« ihre Tiere mit der Lyra vorwärtstrieben. Daher erkläre sich, dass der musizierende Esel auf altägyptischen Rollsiegeln ebenso in Erscheinung trete wie an mittelalterlichen Kirchenportalen oder eben auch in Märchen. Es scheint, der Esel habe sich vor langer Zeit von seinen Treibern freigemacht und selbst das Heft des Musizierens in die Hand genommen.

Von Jacob Grimm erfahren wir, er habe dieses Märchen einem lateinischen Gedicht entnommen, was wohl vermuten lässt, dass es sehr alt ist. So hält es das Erinnern wach an eine alte Zeit, zu der sich *Musiker* und *Esel* aufeinander reimten: *Musikus* und *Asinus*.

o o o

Poesie ist mehr als nur gestelzte Sprache und gereimte Verse. Poesie ist das, was unsere deutsche

Sprache *Dichtung* nennt: ein Kondensat, zu dem etwas verdichtet ist; und zwar nicht irgendetwas irgendwie, sondern zum Gedicht verdichtet ist nur das, das uns etwas zu sagen hat – und das in einer zur höchsten Intensität gesteigerten Sprache. Das heißt: Poesie verdichtet Sinn und stiftet Sinn. Das ist es, was die poetische Sprache von der geläufigen Alltagssprache unterscheidet. In der Alltagssprache geht es meist darum, Informationen auszutauschen oder Aussagen über die Welt zu treffen. In der poetischen Sprache aber geht es darum, etwas zu verstehen zu geben, einen Sinnhorizont zu öffnen oder eine Sinnperspektive zu vermitteln. Und genau das ist es, was man von einer guten Führungskraft erwarten darf; und zwar mehr denn je.

Führung beschränkt sich nicht darauf, Anweisungen zu geben oder Prozesse zu optimieren. Ihre eigentliche Meisterschaft besteht darin, die Mitarbeiter zu begeistern. Das setzt allerdings voraus, dass du von einem guten Geist ergriffen bist, der dich auch selbst begeistert: wenn du eine Vision verfolgst oder eine Idee hast, für die du brennst. Das allein wird aber nicht genügen. Denn die besten Ideen oder Visionen verpuffen, wenn es dir nicht gelingt, sie zur Sprache zu bringen. Sprache ist das Mastertool der Führungskunst; aber eben nicht eine technische, informative Sprache, die inzwischen auch von einem Chatbot generiert werden kann, sondern eine geistgesättigte Sprache, die deine Begeisterung und deinen Geist unter die Leute bringt.

Das ist etwas völlig anderes als Rhetorik. Rhetorische Techniken, Tricks und Kniffe sind gut und schön, aber mit ihrer Hilfe kannst du niemanden begeistern – auch nicht dich selbst. Wenn du mithilfe rhetorischer Methoden deinen Mitarbeiter für dich zu gewinnen versuchst, ist es eben nicht dein guter Geist, der hier das Wort führt, sondern deine Absicht, für die du Gefolgschaft erzwingen willst. Dafür aber wirst du niemanden begeistern, sondern allenfalls deine Anvertrauten manipulieren. Und was das Schlimmste daran ist: Wenn sie irgendwann bemerken, dass es gar nicht die Begeisterung war, die aus deinen Worten sprach, sondern deine persönlichen Interessen – dann werden sie entgeistert sein. Und entgeisterte Menschen, die sich im Geiste getäuscht sahen, hast du für immer verloren – Super-GAU für jede Führungskraft.

Deshalb tut es not, nicht nur zu reden, sondern auch zu dichten. Und das eben nicht, um die Sprache als ein Instrument in Dienst zu nehmen, sondern um den Geist, der dich begeistert, zu Wort kommen zu lassen – um den Sinn, den du verstanden hast und der dir wichtig ist, zur Sprache zu bringen. Das wird zunehmend wichtig in einer Arbeitswelt, die nicht mehr von Menschen bevölkert wird, denen es genügt, monetär entlohnt zu werden. Diese Zeiten sind vorbei. Heute kannst du Menschen nur noch an ein Unternehmen binden, wenn du ihnen Sinn vermittelst – wenn du die Voraussetzungen schaffst, die nötig sind, damit sie Ja zum Unternehmen sagen können: weil sie es sinnvoll finden, dort zu arbeiten und dafür ihre Energie aufzuwenden. Ohne Sinnstiftung – ohne *purpose driven leadership* – wird Führung künftig nicht mehr funktionieren; auch wenn du dir bei deinen dichterischen Bemühungen anfangs noch ziemlich eselig vorkommen solltest.

Vielleicht ist es wichtig, in diesem Zusammenhang zu erwähnen, dass mit diesem Plädoyer für Poesie keineswegs gesagt sein soll, eine jede Führungskraft müsse sich künftig als sprachgewaltige(r) Dichterin oder Dichter hervortun. Das nun gerade nicht. Es geht lediglich darum, die eigenen Sprachgewohnheiten zu reflektieren und zu hinterfragen: Rede ich in einer authentischen Sprache oder plappere ich im üblichen Business-Denglisch? Zeige ich mich mit meinen Worten als lebendige und fühlende Person oder als funktionaler Technokrat? Bin ich in der Lage, zum Ausdruck zu bringen, was mich bewegt, oder dresche ich leere Phrasen? Brabbele ich noch wie Esel, oder singe ich schon wie Asinarius?

Eines noch ist wichtig: Poesie beschränkt sich nicht auf die Sprache der Worte. Alles, was hier gesagt wurde, lässt sich ebenso anwenden auf die Sprache der Bilder oder die Sprache der Gesten. Auch diese Sprachen können wir als Instrumente unserer Machtausübung instrumentalisieren oder für die bloße Informationsweitergabe nutzbar machen. Wir können sie aber ebenso als Ausdrucksmittel für Geist und Sinn verwenden – um mit ihrer Hilfe Geist und Sinn in unsere Unternehmen einzubringen. Deshalb spielen auch die bildenden Künste für eine gedeihliche Unternehmenskultur eine wichtige Rolle. Wo sie poetisch und nicht bloß dekorativ sind, können sie den Geist der Mitarbeiter adressieren und im besten Fall Begeisterung auslösen. Das heißt: Auch wenn du selbst kein Dichter oder Künstler sein willst, kannst du doch dafür Sorge tragen, dass Poesie und Kunst in deinem Unternehmen Raum greifen dürfen. Denn begeisterte Mitarbeiter sind das höchste Lob für jede Führungskraft.

SCHÖNHEIT

Adventavit asinus

pulcher et fortissimus.

Das Eselchen Grisella aus dem Kinderbuch von Heinrich Maria Denneborg

Grisella (dt.: die *kleine Graue*) ist das schönste Eselchen, das je das Licht der Welt erblickte. Zumindest für den kleinen Tino. Er ist Besitzer jenes hübschen Eselsmädchens – und er vergöttert deren weiches graues Fell, das sich am Bauch in weißen Samt zu wandeln scheint. Ein Ohr Grisellas ist in Schwarz gewandet – was sie von allen anderen Eseln auf der Insel Elba unterscheidet. Dort nämlich leben Tino und Grisella.

Um für den Lebensunterhalt des schönen Eselsmädchens aufzukommen, versucht sich Tino als Geschäftsmann. Gegen Bezahlung dürfen Touristenkinder auf Grisellas schönem grauen Rücken reiten. Womit er recht erfolgreich ist – denn sie ist nun wirklich eine Schönheit.

Doch eben das wird ihr und ihrem Tino zum Verhängnis. Eines Tages kommt ein reiches Ehepaar nach Elba. Dessen Tochter Betty wird zur Nebenbuhlerin von Tino. Und da ihr Vater Geld hat und die Kleine weiß, wie man ihn für sich einnimmt, bringt Betty ihren Vater dazu, Grisella zu erwerben; was an sich noch nicht schlimm wäre, wenn Betty nicht die Eselin mit auf die Weiterreise nehmen wollte. Der kleine Tino darf zunächst als ihr Betreuer bei ihr bleiben. Und so reist er zusammen mit Grisella durch Europa. Bis eines Nachts, für Tino unerwartet, die neuen Eigentümer mit Grisella die Heimreise nach Brasilien antreten. Untröstlich bleibt Tino allein zurück. Die Trennung von Grisella bricht im fast das Herz.

Dann aber zeigt sich, welche Kraft der Schönheit innewohnt. Ein Sog geht von ihr aus: ein Sog, dem niemand widerstehen kann. Auch Tino nicht. Er denkt an seinen Esel, erinnert sich an Grisellas Schönheit. So sehr ist sie in ihm lebendig, dass er sich losreißt und der Schönen nachreist. Natürlich gibt's zuletzt ein Happy End.

Der Stoff dieser Geschichte aus der Feder von Heinrich Maria Denneborg ist wahrlich nicht besonders originell. Doch ist sie zauberhaft erzählt – so zauberhaft, dass jeder Leser glaubt, das schöne Eselchen vor sich zu sehen; und sich nicht lang dagegen sperrt, sich von Grisellas legendärer Schönheit aufs Angenehmste hinreißen zu lassen; und in den Chor der alten Eselsmessen einzustimmen, der beinahe ekstatisch deklamiert:

Adventavit asinus pulcher et fortissimus: Ein Esel ist zu uns gekommen: schön und voller Kraft.

○ ○ ○

»**Schönheit** rettet die Welt.« Fjodor Dostojewski hat diesen Gedanken in seinem Roman *Der Idiot* ausgesprochen. Ob er ihn wirklich in der Tragweite meinte, die wir aus diesem Wort heute heraushören, sei dahingestellt. Fest steht, dass Dostojewski davon ausging, dass Schönheit etwas mit dem Menschen macht – dass sie auf den Menschen einwirkt; und zwar positiv: helfend, heilend oder eben rettend. Und das nicht nur im Blick auf die Welt im Ganzen, sondern auch im Blick auf den einzelnen Menschen, ein Team, eine Abteilung. Wenn Schönheit so viel Gutes wirken kann, dann tust vielleicht auch du ganz gut daran, für einen Augenblick darüber nachzusinnen, was es mit der Schönheit auf sich hat; und inwiefern eine Führungskraft Schönheit verbreiten sollte – nicht unbedingt durch ihr Aussehen, wohl aber durch ihr Verhalten. Aber was ist Schönheit?

Schönheit ist mehr als nur Gefälligkeit. Sie kommt und geht nicht mit den Moden. Sie ist nicht flüchtig, und sie wohnt auch nicht allein im Auge des Betrachters. Wer ihr Geheimnis zu ergründen sucht, erfährt bei Künstlern oder Philosophen, dass sie sich immer da zeigt, wo die Proportionen stimmen. Dasjenige ist schön, was seinem eigenen Maß entspricht, so lehrten es die Baumeister der Renaissance. Die Schönheit ruht in sich, und sie bezeugt das Sein und Wesen dessen, dem sie eignet. Sie verdichtet Sinn. Deshalb neigen wir dazu, sie zu bejahen: Wenn wir sagen: »Das ist schön«, meinen wir zugleich: »und das ist gut so.«

Wo die Schönheit waltet, halten wir uns gerne auf. Von ihr geht eine magnetische Wirkung aus. Sie zieht uns in Bann. Sappho, die große Dichterin der griechischen Antike, definiert die Schönheit in einem ihrer Gedichte nachgerade durch ihre Attraktivität: »Schön ist das, was einer leidenschaftlich liebt«, sagt sie. Damit sind wir auf der Spur zu dem Geheimnis jener Wirkmacht, die vom Schönen ausgeht. Es handelt sich bei ihr um Attraktivität. Schönheit zieht an, Schönheit spricht an, Schönheit macht an. Wo sich uns das Schöne offenbart, sind wir hingerissen und begeistert. Schönheit strahlt so wie ein Licht in unser Leben, das all unsere Aufmerksamkeit auf sich lenkt. Schönheit setzt die besten Kräfte in uns frei. Deshalb tun Führungskräfte gut daran, sich mit dem Thema Schönheit zu befassen.

Schönheit ist nicht Luxus oder ein *Nice-to-have*. Vielmehr ist sie ein Grundnahrungsmittel der Seele. Die Menschen hungern nach ihr. Auch wenn sie sich dessen oftmals nicht bewusst sind. Doch wenn du ihnen mit Schönheit aufwartest und ihnen die Augen für die Gegenwart des Schönen öffnest, werden deine Mitarbeiter dankbar sein. Dankbar, weil sie auf diese Weise eine schier unversiegliche Quelle der Motivation erschließen können – der Motivation, der Begeisterung, der Freude. »A thing of beauty is a joy forever", dichtete der große John Keats als den Eröffnungssatz für sein Langgedicht *Endymion*. Und das mit Recht. Wir alle wissen das: Wo uns echte Schönheit begegnet, werden wir ihrer nicht überdrüssig. Im Gegenteil, wir schöpfen immer neue Inspiration aus der Begegnung und können uns vom Schönen immer neu energetisieren lassen.

Aber ist Schönheit nicht höchst relativ und wechselt mit den Moden? Heute neigen wir zu dieser Ansicht. Frühere Kulturen waren anderer Meinung. Sie glaubten, dass wirklich Schönes immer schön ist und auch bleiben wird – einfach deshalb, weil das Schöne völlig in sich ruht, ganz mit sich im Einklang schwingt, ganz das ist, als was es erscheint. Schönheit ist, wenn wir den großen Theoretikern früherer Zeiten folgen, eine vollkommen stimmige Harmonie. Die kann zwar von Zeit zu Zeit sehr unterschiedliche Gestalt annehmen. Am Ende des Tages aber werden wir immer sagen: Etwas ist schön, weil es mit sich im Einklang ist. Das gilt für ein antikes Götterbild genauso wie für ein monochromes Gemälde von Yves Klein, für einen mittelalterlichen Altaraufsatz ebenso wie für eine Video-Installation. Es gilt aber genauso für ein gut gestaltetes Bürogebäude, für das harmonisch-stimmige Miteinander in einer Abteilung, für einen nachhaltig schonenden Umgang mit Ressourcen, für eine poetische Sprache. Wir sprachen schon davon ...

Dem römischen Kaiser Hadrian legt die Romanautorin Marguerite Yourcenar die Worte in den Mund: »Ich fühlte mich verantwortlich für die Schönheit der Welt« – ein Satz, der gegenwärtig oft und zustimmend von dem italienischen Modezaren Brunello Cucinelli zitiert wird. Cucinelli denkt dabei nicht allein an die Schönheit der von seiner Firma produzierten Anzüge aus Kaschmirwolle. Er denkt dabei auch an den würdevollen und respektvollen Umgang der Menschen, den er in seinem Unternehmen kultiviert; er denkt an die Schönheit eines naturgemäßen Wirtschaftens, für das er eintritt; er denkt an die Schönheit des traditionellen Handwerks, das er fördert; er denkt an die Schönheit der umbrischen Dörfer seiner Kindheit, die er erwirbt und für teures Geld renovieren lässt. Und er weiß, dass sich in alledem der Geist des Unternehmens spiegelt – ein begeisternder Geist, der es den Menschen ermöglicht, in Würde ihrer schönen Arbeit nachzugehen. Ohne das, darüber lässt Cucinelli keinen Zweifel, wäre seine Firma nie zu einem Global Player in der Modewelt geworden. Wo man Schönheit wachsen lässt, bleibt auch der Erfolg nicht aus. Deshalb habe ich dir von Cucinelli erzählt. Er kann jeder Führungskraft ein Vorbild sein, wenn es darum geht, Schönheit in der Welt der Unternehmen zu kultivieren.

VERTRAUEN

Einem Esel zu vertrauen,

heißt auf festem Boden bauen.

Platero, der Gefährte von Juan Ramón Jiménez

Wer jemals die Freude hatte, den Anfang von Juan Ramón Jiménez Meisterwerk *Platero y yo* (*Platero und ich*) zu lesen, teilt die Liebe des Poeten zu dem stillen Helden seines Buches: zu Platero, dem kleinen Esel und verlässlichen Begleiter des Erzählers, dem er alles anvertraut, was ihn bewegt und was er auf dem Herzen hat. Aber lies am besten selbst, was Jiménez von seinem vierbeinigen Gefährten sagt: »Platero ist klein, wuschelhaarig, sanft; so weich von außen, dass man meinen könnte, er sei ganz aus Watte, habe keine Knochen. Nur die Gagatspiegel seiner Augen sind hart wie zwei Skarabäen aus schwarzem Kristall.« Und dann erleben wir ihn in Aktion: »Ich lasse ihn los, und er läuft auf die Wiese und liebkost mit seinen lauen Nüstern leichthin, fast ohne sie zu berühren, die rosaroten, himmelblauen und goldgelben Blumen ... Ich rufe ihn zärtlich: ›Platero?‹ Und er kommt zu mir her, in einem munteren Trippeltrab, der so lustig anmutet, als lache er, umspielt von einem rätselhaften Traumglöckchenklimpern ...«

Atmet schon diese Szene viel von einem Geist tiefsten Vertrauens zwischen Tier und Mensch, so unterstreicht der nächste Satz noch deutlicher, dass Platero in der Tat ein Inbegriff vertrauensvoller Nähe ist: »Er frisst alles, was ich ihm gebe.« Und nicht nur das: Er hat immer ein offenes Ohr. Alles, was ihm auf der Seele liegt, teilt der Erzähler seinem Esel mit. Immer hört er zu – und immer gibt er Antwort. Nicht mit Worten, wohl aber mit seinem ganzen Wesen. Einmal, da Platero frisch gebadet und geschniegelt ist, kann Jiménez nicht mehr an sich halten und sagt »in einer Aufwallung brüderlicher Begeisterung«: »Wie hübsch du bist, Platero« – woraufhin der so Gerühmte eine wunderschöne Antwort gibt: Er »trollt sich schüchtern und spricht doch, blickt doch im Weglaufen mich an mit seinen spaßigen Ohren, und bleibt an der Stalltür stehen, indem er so tut, als fräße er ein paar rote Windenblumen«. Ja, man muss ihn lieben, diesen freundlichen und wohlmeinenden Esel.

Sein Name *Platero* ist spanisch. Übersetzt man dieses Wort, heißt er der *Silbrige* – von *Plata*, das *Silber*. Silbern ist nicht nur sein Fell, silbern ist auch sein Charakter: leuchtend, kostbar, formbar und zugleich doch hart und kraftvoll: »Er ist zart, empfindsam und zärtlichkeitsbedürftig wie ein Kind, wie ein kleines Mädchen …; aber stark und fest im Inneren, wie aus Stein. Wenn ich sonntags auf ihm durch die Gässchen am Ortsrand reite, bleiben die Landleute stehen, die im guten Anzug ihren Bummel machen, und schauen ihm nach. ›Der hat Stahl …‹«. Und der Autor stimmt dem zu: »Aus Stahl ist er. Aus Stahl und aus Mondsilber zugleich.«

Dieses Charakterbild Plateros lässt sich umstandslos auf die schönste Tugend übertragen, die der Esel zu erkennen gibt: das Vertrauen. Das Vertrauen ist unendlich stark. Es »hat Stahl«. Nichts, was fester und verlässlicher wäre. Vertrauen ist der Stahl, der menschliche Beziehungen und Partnerschaften trägt. Aber dieser Stahl ist gleichzeitig empfindlich. Man muss ihn hegen und pflegen, wie Platero. Auch das festeste Vertrauen ist verletzlich – leicht verletzlich. Und wenn es auch nur ein Dorn ist, der sich in den Huf Plateros sticht, muss er umgehend entfernt und die Wunde sorgfältig behandelt werden – ganz so wie das Vertrauen, das schon bei der flüchtigsten Verletzung zu zerrinnen droht. Also ist man gut beraten, größte Sorgfalt darauf zu verwenden, das Vertrauen zu bewahren.

In gewisser Hinsicht ist Platero in Jiménez Werk so etwas wie das fleischgewordene Vertrauen des Erzählers. Deutlich wird das, wo er sagt: »Ich lasse ihn laufen, wie er gerade Lust hat, und er bringt mich immer dorthin, wo ich hin will.« Eben das beschreibt das Wunder des Vertrauens. Auf seinem Rücken haben wir nichts zu befürchten. Es bringt uns an das Ziel. Selbst wenn wir nicht wissen, was das Ziel ist. Aber im Vertrauen auf die Führung des Vertrauens darfst du damit rechnen, dass man dir Vertrauen schenkt. Ganz so wie der Dichter ohne Wenn und Aber seinem Tier vertraut.

Platero, dieses Sinnbild des Vertrauens, macht auch vor dem Tod nicht halt. In dem vielleicht ergreifendsten Stück seines Buches erzählt Jiménez von einem kleinen, todgeweihten Mädchen, das sich in den letzten Tagen seines Lebens in den Esel verliebt. Und er erwiderte ihre Liebe. Immer wenn er sie erblickte, »war Freund Langohr nicht mehr zu halten, wollte seinen Strick zerreißen, hopste wie ein Lausbub umher und iahte irre«. Und das Mädchen ... wird ergriffen vom Vertrauen ihres silbergrauen Freundes: »Mit blindem Vertrauen schlüpfte das Persönchen wieder und wieder unter ihm hindurch ...« – und erlebt auf diese Weise einmal noch das ganze Glück der Liebe und der Freundschaft.

Zuletzt stirbt auch Platero selbst. Und das Buch endet mit einer Danksagung des Autors an den toten Freund: an den, auf dessen Rücken er dem Leben zu vertrauen lernte: »Lieblich trabender Platero, mein lieber kleiner Esel, der du so oft meine Seele – nur meine Seele! – getragen hast, durch jene tiefen Hohlwege, zwischen Feigenkakteen, Malven und Geißblattranken; dir sei dieses Buch gewidmet.«

Wirst auch du als Führungskraft die Seele anderer Menschen durch die Hohlwege des Lebens tragen?

o o o

Ohne **Vertrauen** kannst du nicht leben. Du könntest in kein Taxi steigen, keinen Arzt aufsuchen und noch nicht mal einen Döner essen, wenn du kein Vertrauen hättest. Vertrauen gehört zu unserer Grundausstattung. Es ist so etwas wie die Gesundheit der Seele. Wie über die Gesundheit des Leibes, so machen wir uns über unser Vertrauen so lange keine Gedanken, wie es unversehrt ist. Wird es aber verletzt, dann hinterlässt der Vertrauensbruch eine tiefe Wunde in deiner Seele, die so bald nicht heilen wird. Es braucht Zeit dafür – viel Zeit, und während dieser Zeit leidest du, denn deine Seele sehnt sich nach Vertrauen, so wie sich dein Leib nach Heilung und Gesundheit sehnt.

Der Grund dafür liegt auf der Hand: Vertrauen ist der Boden, der ein jedes Miteinander trägt. Nur wo Menschen sich vertrauen, können sie erfolgreich miteinander arbeiten und leben – können sie sich aufeinander verlassen und wissen sich einander zugehörig. Davon zeugt der Wortstamm von *Vertrauen*. In ihm steckt die indogermanische Wortwurzel *deru-*, *dry* oder *dru* – ein Wort, das ursprünglich *Baum* oder *Eiche* bedeutete und im englischen *tree* fortlebt, aber auch in *dryland*, dem *Festland*. Und ganz so wie ein Baum dir Halt und Sicherheit verleiht und ganz so wie das Festland deine Füße auf sicheren Boden stellt, so ist das Vertrauen eine belastbare, verlässliche und beständige Verbindung zwischen Menschen. Davon zeugen auch dem Wort *Vertrauen* eng verwandte andere Wörter unserer deutschen Sprache: *Treue* und *Trost*. Menschen, die einen Bund fürs Leben eingehen, *trauen* sich ebenso wie Menschen, deren Zutrauen ins Leben so groß ist, dass sie sich *trauen*, ein Wagnis einzugehen.

Vertrauen ist aber nicht nur das verlässliche Fundament unseres Miteinanders, es ist auch die eigentliche Währung, die den Umgang der Menschen miteinander trägt. Auch hier gibt uns die Sprache Wesentliches zu verstehen: Du *investierst* Vertrauen, du *schenkst* Vertrauen, du *gewährst* Vertrauen, du *gewinnst* Vertrauen. Und da, wo du den anderen vertrauensvoll begegnest, wird umgekehrt auch dir Vertrauen *gewährt* und *geschenkt*. Vertrauen ist so etwas wie die Währung, der sich die Ökonomie des menschlichen Miteinanders verdankt.

Aber damit nicht genug: Bei Lichte besehen verdankt sich dem Vertrauen auch die Ökonomie des Geldes. Würden wir nicht darauf vertrauen, dass andere unser Geld als Zahlungsmittel anerkennen, wäre es vollständig wertlos. Ohne das Vertrauen derer, die es nutzen, hat das Geld als Währung ausgedient. Und wenn niemand mehr das Geld als Zahlungsmittel akzeptiert, ist ein Handel nur noch auf der Basis des Vertrauens zwischen Käufer und Verkäufer möglich. Letztlich bleibt also als Basis unseres Miteinanders nur das wechselseitige Vertrauen. Vertrauen ist die eigentliche Währung hinter jeder monetären Währung.

Wichtig dabei ist, dass du dir als Führungskraft über Folgendes im Klaren bist: Vertrauen kannst du nicht erzwingen. Vertrauen ist nicht ein Produkt, das du mit technischem Geschick oder der passenden Methode kunstfertig herstellen kannst. Du kannst es allenfalls *kultivieren*: Du kannst durch *vertrauensbildende Maßnahmen* einen Raum schaffen, in dem Vertrauen wachsen kann. Am besten gedeiht es auf einem Boden, wo Menschen aufrichtig und ehrlich miteinander umgehen; in einem Klima, das von Offenheit, Wahrhaftigkeit und Transparenz geprägt ist. Solch ein Klima wird immer da entstehen, wo du den anderen in die Augen schaust, keine falschen Spiele spielst oder heimlich irgendwelche Ränke schmiedest. Nur wo Menschen sich in einem Geist der Wahrheit treffen, funktioniert die Währung des Vertrauens.

Aber leider bleibt Vertrauen stets gefährdet. Es wird verletzt, wo Versprechen nicht gehalten und Zusagen nicht erfüllt werden. Und es wird vernichtet, wo Indiskretion und Geschwätzigkeit walten oder wo mit sensiblen Daten nicht in höchstem Maße vertraulich umgegangen wird. Indiskretion, Unwahrheiten, Lügen und Betrügereien sind die Klimakiller des Vertrauens. Sie vergiften die vertrauensvollste Atmosphäre und zerstören jeden reibungslosen Umgang miteinander. Breitet sich das Gift des Misstrauens aus, wird das Miteinander schwer und zäh. Dann verliert der Boden unter unseren Füßen seine Festigkeit.

Ein Missverständnis wäre es, zu meinen, du könntest fehlendes Vertrauen durch Kontrolle ersetzen oder zerrüttetes Vertrauen durch Kontrolle heilen. Kontrolle ist oft unverzichtbar, wo Menschen miteinander arbeiten und leben; und sie ist auch hilfreich, weil sie dich vor Fehlern schützt. Aber wo es um das Wachstum und die Potenzialentfaltung deiner Mitarbeiter geht, ist es unerlässlich, ihnen mit Vertrauen zu begegnen. Nur so werden sie wachsen und gedeihen – und nur wo Menschen wachsen und gedeihen, haben Unternehmen Zukunft.

WERT-
SCHÄTZUNG

Bist du, so wie er, bescheiden,

wird der Esel nicht mehr leiden.

Modestine, die Eselin, mit der Robert Louis Stevenson durch die Cevennen wanderte

Modestine kann einem nur leidtun. Wie ihr Name verrät, ist sie eine bescheidene Eselin (von lt. *modestas: Bescheidenheit*), groß in Geduld und Duldsamkeit. Und das muss sie sein, da ihr Eselstreiber Robert Louis Stevenson das genaue Gegenteil von ihr verkörpert: die Unduldsamkeit. Immer wieder schlägt er brutal mit dem Stachelstock auf Modestine ein. Um sie sich zu seiner »Sklavin« zu erziehen, wie der später durch seinen Roman *Die Schatzinsel* zu Weltruhm gelangte schottische Romancier in seiner *Reise mit einem Esel durch die Cevennen* im Jahre 1879 notierte. Dass ihr skrupelloser Treiber sie mit diesem Reisebericht in einem der wegweisenden Bücher der Outdoor- und Wanderliteratur verewigte, dürfte Modestine kaum ein Trost gewesen sein. Auch nicht, dass es derweil in den Cevennen einen viel begangenen *Stevenson-Trail* gibt, auf dem inzwischen ihre späten Nachfahren von wanderlustigen Touristen für Esel-Trekking-Touren gebucht werden können – aus der Sicht von Eselsfreunden ein Skandal, denn wenn man weiß, wie Stevenson mit seiner Modestine umging, wäre einem wohler, wenn der schöne Wanderweg in *Modestine-Trail* umbenannt werden würde.

Aber so ist es nun einmal: Für Modestine, die Geschundene, interessiert sich heutzutage niemand. Im Gegenteil: Ihr wird weiterhin die Wertschätzung verweigert, die ihr eigentlich gebührt. So fällt dem englischsprachigen Wikipedia-Eintrag über Stevensons Buch nichts anderes zu ihr ein, als dass sie »a stubborn, manipulative donkey he could never quite master« sei: ein störrischer und manipulativer Esel, den er – Stevenson – nie wirklich *beherrschte*. Als ob es darum ginge! Als ob ein Eselsführer dadurch glänzte, dass er seinen Esel zu beherrschen wüsste! Gröber kann ein Missverständnis gar nicht sein. Was man von der treuen Modestine und von ihrem Peiniger am ehesten lernen kann, ist, wie man sich als Führungskraft auf keinen Fall verhalten sollte: mit Ungeduld, Unduldsamkeit, Ignoranz und subtiler Gewalt. »Was soll's, wenn auf Modestines Rumpf ein Blutstropfen erscheint?«, fragt Stevenson und verrät damit, dass er von Führung keine Ahnung hat.

Stevenson sitzt dem alten Irrtum auf, man könne ein Lebewesen dadurch motivieren, dass man es anstachelt. Der Stachelstock, den ihm ein alter weißer Bauer reichte, ist das Symbol eines überholten – ach was: eines schon immer verfehlten – Führungsverständnisses; das freilich immer noch in vielen Unternehmen weiterlebt: Führungskräfte meinen, durch Drohen und Belohnen, Zuckerbrot und Peitsche ihre Mitarbeiter motivieren zu können. Das Einzige aber, was man damit bewirkt, sind innere Kündigung, Bockigkeit und störrisches Verhalten: all das, was Stevenson seiner Modestine vorwirft. Immer sieht er die Schuld nur bei ihr. Obwohl sie ihm die Lasten abnimmt, fällt sie ihm zur Last. Und er wähnt sich stets im Recht, die Eselin dafür bestrafen zu dürfen. In Wahrheit aber liegt die ganze Schuld bei ihm. – Ja, man fragt sich, ob er nicht die Eselin zur Projektionsfläche eines Zorns macht, der eigentlich seiner Familie gilt, die ihn kurz vor der Reise dazu nötigte, seine Affäre mit einer verheirateten Amerikanerin aufzugeben.

Wie dem auch sei: Stevenson braucht lange, bis ihm aufgeht, dass er Modestine falsch beladen hat – so falsch, dass sie sich die Läufe wund scheuerte. Erst als er sich mit dem Tier zu beschäftigen beginnt und sie näher in Augenschein nimmt, dämmert ihm, dass nicht sie das Problem ist, sondern er. Nun verteilt er die Last gleichmäßig auf ihrem Rücken; und siehe da, sogleich bockt sie seltener, es geht voran. Auch die Wunden heilen langsam ab, und der unduldsame Peiniger fängt an, sich langsam zu verändern. Gutes Zureden ersetzt den Stachelstock. Er beginnt, den Wert von Modestine zu erkennen. Wertschätzung tritt an die Stelle seiner

Ungeduld. Ja, es scheint, als würde Stevenson unter dem Einfluss Modestines ein Stück vom Wesen dieser treuen Eselsdame übernehmen: ihre Bescheidenheit, die sich nicht anmaßt, über andere zu herrschen und sie anzustacheln; sondern die die Menschen so nimmt, wie sie sind; und die ihnen – trotz allem – mit Wertschätzung begegnet.

o o o

Wertschätzung ist heutzutage sehr gefragt – vor allem die Wertschätzung seitens der Führungskräfte. Wenn man Menschen danach fragt, warum sie ihrem Arbeitgeber kündigen, wird in den meisten Fällen als Grund genannt, dass sie sich nicht genug gewertschätzt fühlen. Wenn du nachfasst und genauer wissen möchtest, was das heißen soll, erfährst du, dass die Menschen häufiger gesehen werden wollen, dass sie sich nach Lob und Anerkennung sehnen; und dass sie die Lust am Arbeiten verlieren, wenn sie sich verkannt, missachtet oder ungesehen wähnen. Es reicht ihnen offenbar nicht, für ihre Arbeit und ihren Einsatz bloß monetär oder materiell entlohnt zu werden – nein, sie wollen, dass du ihre Leistung ausdrücklich und idealerweise auch öffentlich anerkennst und so bekundest, wie wertvoll sie in deinen Augen für das

Unternehmen ist. Das etwa ist es, was sie unter Wertschätzung verstehen.

Die Altvorderen wundern sich zuweilen über diesen starken Wunsch nach Wertschätzung. Sie schütteln den Kopf und sagen, zu ihrer Zeit habe man auch ohne ständige Lobhudelei mit Lust und Leidenschaft gearbeitet. Und philosophisch geschulte Menschen finden es eigenartig, dass die jungen Leute heute darauf aus sind, dass ihr *Wert geschätzt* wird – denn der *Wert* von etwas bemesse sich nach seinem Nutzen, wobei doch aber in Wahrheit niemand nach seiner bloßen Nützlichkeit bewertet werden wolle; auch nicht danach, wie produktiv und effizient er in den Augen anderer ist. Nicht *wertschätzen* solle man deshalb die Leistungen anderer, sondern man müsse sie als Personen *würdigen* – ganz im Sinne des Philosophen Immanuel Kant, der das moralische Gebot formulierte, du sollest stets so handeln, dass du einen anderen Menschen »jederzeit zugleich als Zweck, niemals bloß als Mittel brauchest«.

Und tatsächlich: Was uns nur als Mittel zu bestimmten Zwecken kostbar ist, nennt die deutsche Sprache *Wert*; das hingegen, was für sich genommen (als *Zweck an sich*, in Kants Denken) für uns bedeutsam ist, bezeichnet sie als *Würde*. So gesehen – also bei philosophischer Betrachtung – liegt die Aufgabe von dir als Führungskraft nicht so sehr darin, den Mitarbeiterinnen und Mitarbeitern mit *Wertschätzung* zu begegnen, sondern sie als Personen für das, was sie sind und leisten, zu *würdigen*.

Die Eselsdame Modestine dürfte dies für leeres Geschwätz halten. Sie wäre wohl schon froh gewesen, wenn ihr Peiniger sie mit etwas mehr Anstand und Respekt behandelt hätte. Und das mit gutem Recht. Denn tatsächlich sind Respekt und Anstand das Mindeste, was ein Mitarbeiter von seinem Führungspersonal erwarten darf. Aber in der Arbeitswelt von heute ist das Mindeste schon lange nicht mehr ausreichend. Denn inzwischen hat sich rumgesprochen, dass dort Menschen beschäftigt werden, die auch ungeachtet ihrer Arbeitsleistung *als* Menschen über eine Würde verfügen, die auch von ihren Vorgesetzten nicht angetastet werden darf. Das schließt nicht aus, dass man sie kritisiert. Das ist kein Freifahrschein, sie tun und lassen zu lassen, was ihnen gerade gefällt. Mit dem Hinweis auf die Würde lässt sich auch kein Anspruch darauf begründen, fortwährend und wiederholt gelobt zu werden. Aber dass wir die Würde eines anderen Menschen achten, heißt, dass er von uns als Person ernst genommen wird und nicht wie die arme Modestine den Launen der Mächtigen ausgesetzt ist.

Andere zu würdigen bedeutet, ihnen mit Respekt zu begegnen, ihre Ansichten zu tolerieren, auf ihre Bedürfnisse und Eigenheit zu achten, sie in ihrer Entwicklung zu unterstützen, sie vor Übergriffen Dritter zu schützen, ihnen zu vertrauen und ihnen nichts vorzumachen. Andere zu würdigen bedeutet, sie als Menschen ernst zu nehmen. Auch das kannst du von einem Esel lernen.

ZUHÖREN

Bei Menschen kommt es selten vor,

Esel aber sind ganz Ohr.

Patrick, der Esel aus dem Spielfilm Mein »Liebhaber, der Esel & Ich«

Eigentlich ist die Geschichte ziemlich dröge: Antoinette, gestresste französische Lehrerin, möchte sich an ihrem Lover Vladimir rächen, weil dieser den eigentlich mit ihr geplanten Urlaub cancelt und stattdessen ein Eselstrekking mit seiner Ehefrau und Tochter bucht – auf dem *Stevenson-Trail* in den Cevennen, wie sich wohl versteht. Ob Antoinette daraufhin aus Beleidigung, Eifersucht oder Liebe auf die Idee verfällt, ihrem Lover nachzureisen und die gleiche Tour wie er zu buchen, wird der Kinobesucher nie erfahren; was aber auch nichts macht, da weder Antoinette noch Vladimir die Helden der Geschichte sind, sondern Patrick – der Esel, den die völlig eselsunkundige Lehrerin im Hurra als ihren Wandergefährten aussucht.

Und natürlich kommt es, wie es kommen muss: Antoinette hat mit dem grauen Wanderfreund am Anfang ihre liebe Mühe. Denn Patrick will längst nicht immer so, wie sie will; und das macht die Sache deshalb schwierig, weil die junge Frau so viel auf einmal will, dass wohl auch der klügste Esel nicht ermessen könnte, wie er ihr zu Diensten sein kann – außer dadurch, dass er Tempo rausnimmt und die überdrehte Lehrerin schon am zweiten Tag im Kreise wandern und zum Ausgangsort zurückkehren lässt, was sich allerdings als glückliche Fügung erweist, da Antoinette im dortigen Gasthof umgehend auf ihren Lover nebst dessen Familie stößt. Und von da an nimmt das Schicksal seinen Lauf ...

Seinen Lauf nimmt aber auch Patrick – teilweise wird dieser Lauf sogar so schnell, dass ihm Antoinette nicht folgen kann. Erst als sie – eher aus Verzweiflung denn aus Einsicht – ihren ganzen Kummer auszusprechen beginnt, gleicht der Esel seinen Schritt dem seiner Begleiterin an. Von diesem Augenblick an läuft es besser mit den beiden. Antoinette macht ihrem Herzen Luft und findet in Patrick nicht nur zwei lange, sondern vor allem auch zwei offene Ohren, die geduldig und allem Anschein nach auch empathisch das Gerede seiner Weggefährtin in sich aufnehmen.

Der geht es daraufhin viel besser. Ihr Kopf wird klarer, die Angelegenheit mit Vladimir tritt in den Hintergrund, und Patrick gewinnt von Schritt zu Schritt ihre Zuneigung und ihr Vertrauen – bis dahin, dass sie am Ende nicht mehr ihrem Lover, sondern ihrem Esel hinterherläuft; was dessen »Nachmieter« zwar irritiert, dem guten Patrick aber durchaus Freude macht – ebenso wie dem Kino-Publikum, das längst begriffen hat, dass die echte

Liebe da zu Hause ist, wo die Beteiligten sich einander Gehör schenken; und nicht da, wo sie ihren fixen Ideen davon nachhängen, wie der andere zu sein hat und welche Ansprüche man an ihn stellen darf. Nein, Patrick zeigt allen, wie es wirklich geht: präsent sein, geistesgegenwärtig, offen – wunderbare Qualitäten, die auch dir als Führungskraft bestens zu Gesichte stehen.

o o o

Das **Zuhören** steht am Anfang jeder echten Begegnung: das Zuhören, das sich vom bloßen Hören dadurch unterscheidet, dass du dich dem anderen aktiv zuwendest und darauf achtest, was er oder sie zu sagen hat. So schlägt Zuhören die Brücke von Mensch zu Mensch. Es stiftet Zugehörigkeit und ist darin das eigentliche Geheimnis von Verbindung und Verbindlichkeit. Denn im Zuhören verwandelt sich die bloße Achtsamkeit in bleibende Verbundenheit. Deshalb ist es sinnvoll, empfänglich und offen zu sein, wenn die Menschen das Gespräch mit dir suchen. Deshalb wird es gut sein, dir Zeit für sie zu nehmen und ihnen dein Ohr zu leihen, wenn sie darum bitten. Es gibt keinen besseren und geradlinigeren Weg zur Verbundenheit zwischen den Menschen.

Mit dem Zuhören hat es eine eigentümliche Bewandtnis: Wenn du jemandem zuhörst, bist du immer bei dir und beim anderen zugleich. Das ist wichtig, denn wenn du einfach nur hinhörst, ohne zuzuhören, läufst du Gefahr, nur das in den Worten anderer zu vernehmen, was du selbst schon kennst – was du vom anderen erwartest oder von ihm gerne hören möchtest. Was das bedeutet, verrät der Philosoph Hans-Georg Gadamer. Er sagt: »Der hört falsch, der sich selbst ständig zuhört, dessen Ohr gleichsam so erfüllt ist von dem Zuspruch, den er sich selbst ständig zuspricht, indem er seine Antriebe und Interessen verfolgt, dass er den anderen nicht zu hören vermag.«

Damit macht Gadamer auf ein weitverbreitetes Phänomen aufmerksam: Wenn wir den Worten anderer lauschen, hören wir oft gar nicht auf das, was *sie* sagen, sondern wir hören ausschließlich das, was wir aus ihren Worten heraushören *wollen*. Wir hören also gerade nicht die Stimme der anderen in ihrer Andersheit, sondern machen die anderen – meist unbewusst und ungewollt – zur Projektionsfläche unserer selbst. Wir filtern aus dem von ihnen Gesagten heraus, was unser Bild von ihnen bestätigt, und überhören alles Weitere. Das ist aber nicht zwangsläufig das, was ein anderer tatsächlich sagt. Zuhören ist das Sich-Einlassen auf die Andersheit des anderen und das Loslassen aller egoistischen Selbstbezüglichkeit.

Nichthören oder Überhören, um Platz für die eigene Selbstdarstellung zu bekommen, ist das weitverbreitete Symptom einer zunehmenden Unfähigkeit zum Gespräch. Man kann das moralisch problematisch finden. Aber das ist nicht der springende Punkt. Der springende Punkt sind die problematischen Folgen, die die mangelnde Bereitschaft zum Hören oder die Unfähigkeit zur Wahrnehmung des anderen für einen selbst zeitigen. Zum einen läuft man Gefahr, sich in Un- oder Halbwahrheiten über die anderen zu verlieren, indem man sich schlicht über sie täuscht – und in einem zweiten Schritt dann *enttäuscht* ist, wenn man feststellt, dass man sich in jemandem *getäuscht* hat, der zwar immer sagte, was er zu sagen hatte, bei dem man selbst aber nicht in der Lage war, es zu hören, weil man es nicht hören *wollte*. Hinzu kommt die Gefahr, in Selbstbezüglichkeit zu erstarren: Wer die Andersartigkeit des anderen überhört, bleibt im Gespräch nur bei sich und vergibt die Chance, in der Auseinandersetzung selbst zu wachsen und zu reifen. Wo der andere kein Gehör findet, kann sich kein schöpferischer Begegnungsraum zwischen den Menschen öffnen.

Genau darin liegt aber das kreative Element des Zuhörens: Es bringt dich auf andere, neue, unerwartete Gedanken. Es hilft dir, Lösungen zu finden, mit denen du nicht gerechnet hast. Zuhören ist schöpferisch. Es öffnet neue Horizonte. So wie der Esel, wenn du dich ihm anvertraust.

Zuhören ist aber auch schwer; einfach deshalb, weil wir es kaum noch lernen. Gewiss gibt es noch Großmütter und -väter, die ihren Enkeln Geschichten vorlesen und sie auf diese Weise im Zuhören trainieren. Aber diese gut gemeinten Maßnahmen verpuffen nur allzu schnell, wenn erst das Tablet oder Smartphone die Kontrolle übernommen hat – und das Zu*hören* durch das Zu*schauen* verdrängt wird. Mit den digitalen Endgeräten, die uns von allen Seiten umgeben, geht eine Reizüberflutung einher, die es den Menschen immer schwerer macht, über einen längeren Zeitraum einem anderen zuzuhören, sich etwas vorlesen zu lassen, den Worten anderer zu lauschen – und das nicht nur so, dass man sich dessen gewahr ist, *dass* dort etwas gesprochen wird, sondern auf eine Weise, die das Gehörte zugleich auf seinen Sinn hin entschlüsselt. Denn eben das ist das eigentliche Wunder des echten Zuhörens: dass es sich nicht bei der Phonetik des Gesagten aufhält, sondern durch die Verlautbarung hindurch dessen Semantik zu ergründen unternimmt. Zuhören ist immer auch Verstehen-Wollen. Wo es im Gespräch gelingt, wo zwei Menschen einander so gut zugehört haben, dass sie sich auf etwas verständigen können, da haben sie nicht nur einander gehört, sondern da gehören sie zusammen.

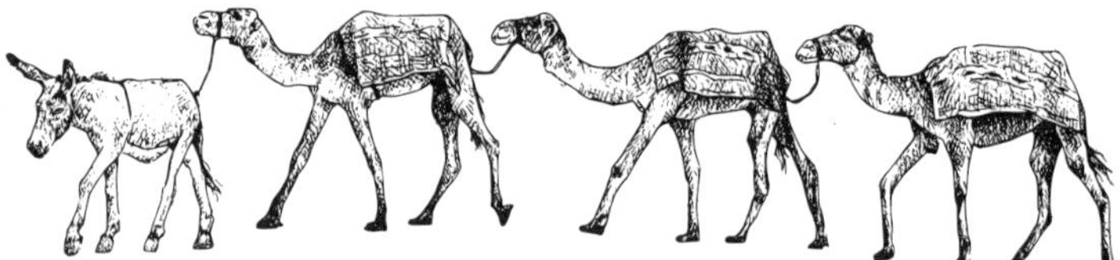

ZUSAMMEN-
ARBEIT

Dass ihm jemand widerspricht,

kümmert einen Esel nicht.

Der Kyllenische Esel von Giordano Bruno

Dass Esel auch zum Philosophen taugen, hat einst Giordano Bruno dargelegt. Er (Bruno, nicht der Esel) endete zwar auf dem Scheiterhaufen, aber nicht deswegen, weil er in einer seiner Schriften einen Gelehrten auftreten lässt, der – von Geburt her ein Esel – durch eine wunderliche Fügung des Schicksals als Philosoph sein Glück versucht und sich um Einlass in die pythagoreische Akademie zu Athen bewirbt. Dort stößt er auf heftigen Widerstand der gelehrten Herren, doch lässt sich der eselige Wissenschaftler nicht von seinem Vorsatz abbringen. »Wieviele sind von den Fakultäten nicht gerade deshalb abgewiesen, ausgewiesen und mit Hohn bedacht worden, weil sie *nicht* an der Fähigkeit und Vollkommenheit ihres Eseltums teilhatten?«, fragt er seine Gegenspieler und folgert: »Warum sollte es da nicht erlaubt sein, dass auch einmal einige von uns wirklichen Eseln oder wenigstens *einer* von den Eseln in eine Akademie der Menschen aufgenommen würde?«

Ja, warum eigentlich nicht? Zumal dann nicht, wenn er wirklich etwas Geistreiches zu sagen hat. Was man dem Kyllenischen Esel nicht absprechen kann. Zumindest dann nicht, wenn man der Deutung des Philosophen Nuccio Ordine folgt, der in seiner Studie *Giordano Bruno und die Philosophie des Esels* die These vertritt, der Esel sei ein Symbol des philosophischen Prinzips der *coincidentia oppositorum* – des *Zusammenspiels der Gegensätze*. Man könnte auch sagen: der *Harmonie des einander Widersprechenden*. Kein anderes Tier, so Ordine, ist so doppeldeutig wie der Esel – schillert er doch zwischen den »Gegensatzpaaren wohltätig und dämonisch, stark und demütig, wissend und unwissend«. Der Esel sei die wandelnde Mehrdeutigkeit und gerade deshalb bestens geeignet, die Lehre des Giordano Bruno abzubilden, wonach die Welt im steten Wandel ist – wonach nichts so bleibt, wie es ist, und alles sich verwandeln kann.

»Hohes und Niedriges, Tierisches und Menschliches, Gott und Welt, Schöpfer und Geschöpfe«, schreibt auch Jutta Person in ihrem Buch über die Esel, »gehen diesem pantheistischen Gedanken zufolge ineinander über«, nichts bleibt, wie es war. So trage jener Esel bei Giordano Bruno auch nicht zufällig den Beinamen *kyllenisch*, verweist das Adjektiv doch auf den Götterboten Hermes, der auf dem Berg Kyllene einst als Sohn des Zeus geboren wurde. Auch Hermes ist ein zweideutiger Gott: ein Freund der Menschen, aber auch ein Gauner und Betrüger; und es ist gewiss kein Zufall, dass eben dieser Hermes – übrigens der Gott der Kaufleute und Diebe – am Ende von Brunos Dialog höchstselbst in Erscheinung tritt, um dem Langohr die gewünschte Promotion zu erteilen: »Ich komme, um dich, o Esel, zum Akademiker zu ernennen, ich, der ich dir schon so manche Vergünstigung, so manches Geschenk mitteilen durfte, erfreue mich jetzt der Vollmacht, dich zum allgemeinen Akademiker und Dogmatiker zu befördern ...«

Die Pointe dabei ist: Wie Hermes tritt der Esel in die Welt des Menschen, um das von den olympischen Göttern manifestierte Prinzip der Schönheit und des Lebens zu verkünden: Nichts schließt sich aus, alles wirkt miteinander in der großen Symphonie des Seins. Die Welt ist ein Spiel von Widersprüchen und Antagonismen. Nur wer Esels genug ist, kann bei dem großen Spiel dabei sein. Er wird erkennen, dass selbst Widersprüchliches miteinander zusammenhängt und interagiert; und dass es töricht wäre, eines besser zu bewerten als das andere. So gipfelt, folgt man Giordano Bruno, seines Esels Weisheit darin, dass er zwischen Disteln und Salat keinen Unterschied findet. Das entspricht zwar nicht dem Regelwerk der zweiwertigen Logik unserer Wissenschaft, die folglich auch die Logik der *coincidentia oppositorum* als törichte Eselei abtut – aber gerade darin erweist sich der Esel als ein Sachwalter der echten Weisheit.

Wer wie er die große Harmonie der Welt durchschaut, wird ihre Schönheit überall erkennen und ihr ein freudiges I-A, ein *Ja* entgegenschleudern. Und das nicht etwa, weil er dumm ist, wie Nietzsche meinte, sondern weil er die Weisheit hat, hinter allen Widersprüchen die große Symphonie zu sehen. Giordano Brunos Eselsphilosophie ist eine Philosophie der Harmonie.

o o o

Zusammenarbeit, miteinander und nicht gegeneinander: Das ist aller Weisheit letzter Schluss. Und es ist der Gipfel aller echten Führungskunst. Das Geheimnis des Erfolgs ist die Zusammenarbeit aller – und die Kunst des Führens besteht darin, alle so aufeinander einzustimmen und zusammenzubringen, dass aus den vielen Einzelnen ein Ganzes wird: ein Team, das mehr ist als die Summe seiner Teile. Wenn du stets die Stimmigkeit und Harmonie des Ganzen anpeilst, wirst du deiner Führungsaufgabe gerecht: nicht nur, weil dir niemand auf dem Weg verloren gehen wird, sondern auch, weil du so das Potenzial des Teams entfalten wirst.

Denk nur an ein Orchester oder einen Chor: viele unterschiedliche, individuelle, einmalige Töne, Klänge oder Stimmen – die sich durch die

Führung eines Dirigenten doch zu einem schönen, starken, begeisternden Einklang fügen. Oder denk an eine Fußballmannschaft: ein Haufen begabter Individualisten, die von einem Coach zu einem Team verschmolzen werden, in dem jeder seine persönlichen Stärken einbringen und seine einmaligen Qualitäten entfalten kann – und zwar so, dass er dabei die anderen in ihrer je eigenen Entwicklung nicht nur nicht behindert, sondern zum Wohle des Ganzen unterstützt. Das ist das Ideal des Teamworks, die Krone des Miteinanders. Wo du wie ein Maestro oder Kloppo ein Orchester oder eine Mannschaft schmiedest, hast du es zur echten Meisterschaft gebracht.

Warum ist das so? Die Antwort ist einfach: Weil es der Wahrheit entspricht. Der Wahrheit? Welcher Wahrheit? Der Wahrheit deiner selbst. Der Wahrheit des Lebens. Nicht nur den Weisen der Vergangenheit wie Giordano Bruno und seinem Lehrmeister im alten Griechenland, sondern auch der modernen Biologie verdanken wir eine grundlegende Einsicht: Alles, was lebt, sucht Harmonie. Alles, was lebt, ringt um Zusammenklang. Das Leben ist wie eine Symphonie, in der Verschiedenstes zusammenspielt. In sich vereint es Widersprüchliches. In seinem Reich herrscht das Sowohl-als-auch, nicht (wie eine überholte darwinistische

Ideologie uns viel zu lange glauben machte) das Entweder-oder. Nein, das Leben ist eine große Musik, ein großes Miteinander. Lebendigkeit ist bunte, farbenfrohe Vielheit, nicht graues Einerlei oder Monotonie. Lebendigkeit spielt zwischen den Kontrasten, die doch in ihrem Wechselspiel verbunden sind. Da prickelt und vibriert das Leben, da blüht es auf und leuchtet hell. Seine größte Kraft und Schönheit entfaltet es dort, wo die Pole ineinandergreifen: weiblich und männlich, jung und alt, introvertiert und extrovertiert, langsam und schnell. Daraus entsteht eine Harmonie, die nicht harmonistisch ist – nicht Friede, Freude, Eierkuchen, sondern ein spannungsvoll austariertes Gleichgewicht des Unterschiedlichen und manchmal sogar Opponierenden.

Einfach ist so etwas nicht. Dafür brauchst du viel Erfahrung und sehr viel von all den anderen Eselsqualitäten, die wir hier bedenken: Du brauchst Geduld, du brauchst Offenheit, musst zuhören können und achtsam sein, brauchst Beharrlichkeit und auch Gelassenheit. Nur ein klarer, wacher Blick auf die tatsächlichen Gegebenheiten und Personen wird dich in die Lage bringen, sie so zu ordnen und zu strukturieren, dass es für alle stimmt. Dafür brauchst du Nüchternheit und Mut: Mut zu ungewohnten Wegen, an deren Ende Kompromisse stehen werden, für die jeder der Beteiligten womöglich etwas aufgeben muss. Aber ohne das geht es nicht.

Solange du es allen recht machen willst, wirst du kein starkes Team bilden. Führung bedeutet immer auch, den Einzelnen etwas abzuverlangen, um dem Ganzen dienlich zu sein. Denn als Führungskraft bist du Sachwalter des Ganzen, in dessen Verantwortung du stehst. Konsensbildung und Kompromissbereitschaft pflastern deinen Weg zu einer starken und erfolgreichen Kooperation im Team. Sie sind das Herzstück eines jeden Miteinanders.

»Betet zu Gott, meine Teuren, betet zu Gott, auf dass er, falls ihr noch keine Esel seid, euch zu Eseln werden lasse!«

(Giordano Bruno)

Quellen

Zur allgemeinen Orientierung über die in der europäischen Geistesgeschichte den Eseln zugeschriebene metaphorische, mythologische, theologische, philosophische, psychologische oder einfach nur symbolische Bedeutung empfehle ich zwei sehr unterschiedliche Bücher:

- *Esel. Ein Portrait* von Jutta Person, erschienen in den Naturkunden bei Matthes & Seitz, Berlin 2013.
- *Das Buch der Esel* von Gustav Michell, erschienen im Friedrich Hauke Verlag, Jena 1884

Das Zitat von Giordano Bruno zu Beginn der Einleitung stammt aus dem Werk *Die Kabbala des Pegasus mit der Zugabe des Kyllenischen Esels*, verfasst vom Nolaner, zugeeignet dem Bischof von Casamarciano in der Übersetzung von Ludwig Kuhlenbeck (Jena 1909, S. 13).

Bileams Esel: Die Geschichte von Bileams Esel kannst du nachlesen im Buch *Numeri* (4. Buch Moses) des Alten Testaments, Kapitel 22, Verse 22–35.

Gribouille wurde bekannt durch Andy Merrifields Buch *Die Weisheit der Esel. Ruhe finden in einer chaotischen Welt*, übersetzt von Ursula Bischoff, München 2009. Das zitierte Porträt von Gribouille befindet sich auf Seite 28; die Passage, in der Merrifield davon erzählt, wie sein Esel den Baumstamm überwindet, auf den Seiten 69 bis 70.

Sherman: Wie aus dem vernachlässigten und elenden Sherman ein Champion beim Eselsrennen in den Rocky Mountains wurde, erfährst du in Christopher McDougalls Buch *Das Glück ist grau* (Orig.: *Running with Sherman. The donkey with the heart of a hero*, 2019), übersetzt von Simone Jakob und Anne-Marie Wachs, Köln 2021. Von seiner niederschmetternden ersten Begegnung mit Sherman erzählt McDougall in den beiden ersten Kapiteln. Tanyas gute Empfehlung kannst du auf Seite 23 nachlesen, und über die Entstehung der Eselsrennen lässt sich der Autor auf den Seiten 62 bis 63 aus. Von seiner Eingebung, Sherman einer Bewegungstherapie zu unterziehen, berichtet er auf Seite 76.

Rucio: Dass dem armen Sancho Pansa sein Esel Rucio gestohlen wird, erzählt Miguel de Cervantes im 23. Kapitel des 1. Teils seines *Don Quixote*. Bis zum glücklichen Wiedersehen der beiden lässt er die Leser bis zum 30. Kapitel warten. Dort findet man auch die zitierten Sätze. Vgl. Miguel de Cervantes: *Der scharfsinnige Ritter Don Quixote von der Mancha*, 3. Bd. Frankfurt/M. 1975; Bd. 1, S. 390.

Von Jesu Eselin beim Einzug in Jerusalem erzählt der Evangelist Matthäus in Kapitel 21, Verse 1–7: »Als sie sich Jerusalem näherten und nach Betfage am Ölberg kamen, schickte Jesus zwei Jünger aus und sagte zu ihnen: Geht in das Dorf, das vor euch liegt; dort werdet ihr eine Eselin angebunden finden und ein Fohlen bei ihr. Bindet sie los und bringt sie zu mir! Und wenn euch jemand zur Rede stellt, dann sagt: Der Herr braucht sie, er lässt sie aber bald zurückbringen. Das ist geschehen, damit sich erfüllte, was durch den Propheten gesagt worden ist: ›Sagt der Tochter Zion: / Siehe, dein König kommt zu dir. / Er ist sanftmütig / und er reitet auf einer Eselin / und auf einem Fohlen, / dem Jungen eines Lasttiers.‹ Die Jünger gingen und taten, wie Jesus ihnen aufgetragen hatte. Sie brachten die Eselin und das Fohlen, legten ihre Kleider auf sie und er setzte sich darauf.« (vgl. Markus 11, 1–7 und Johannes 12, 14).

Friedrich Nietzsche verhöhnt den Esel im IV. Buch von *Also sprach Zarathustra* im zweiten Teil des Abschnitts *Die Erweckung* und in dem darauffolgenden Kapitel *Das Eselsfest*. Vgl. Friedrich Nietzsche: *Also sprach Zarathustra*, Kritische Studienausgabe Bd. 4, hg. v. Giorgio Colli und Mazzino Montinari. München 1988, S. 388–394.

Zettel: Die Geschichte von der wunderlichen Transformation des Schneidermeisters Zettel aus dem *Sommernachtstraum* von William Shakespeare wird hier wiedergegeben in der Übersetzung, die August Wilhelm Schlegel zwischen 1797 und 1810 anfertigte. Man findet sie in der ersten Szene des 3. Aktes, digital nachlesbar im Projekt Gutenberg (www.projekt-gutenberg.org/shakespr/sommer/chap004.html). Die Worte, mit denen Zettel seinem »raren Gesicht« nachsinnt, findest du am Ende der ersten Szene des 4. Aktes (www.projekt-gutenberg.org/shakespr/sommer/chap005.html).

Der Esel im Stall zu Bethlehem wird im Neuen Testament nicht erwähnt. Seine große Karriere verdankt er der Erwähnung im sogenannten *Protoevangelium des Jakobus*. Eine von Silvia Pellegrini besorgte, gut lesbare deutsche Übersetzung dieses Textes findest du im Internet auf der Seite https://nicofranz.art/kunsttheorie/protoevangelium-des-jakobus. Die zitierten Passagen stehen in Kapitel 17, Verse 2–3. Eine gute englische Übersetzung kannst du auf www.asu.edu/courses/rel376/total-readings/james.pdf einsehen. Die Zitate von Hannah Arendt über den Anfängergeist und die Gebürtigkeit sind ihrem Buch *Vita activa oder Vom tätigen Leben* entnommen (S. 166–167, München 1981).

Donkey: Solltest du zu den beklagenswerten Zeitgenossen gehören, an denen die *Shrek*-Filme vorbeigegangen sind und die folglich noch nicht das Vergnügen hatten, den wunderbaren Donkey kennenzulernen, dann kannst du das ändern, indem du diesem Link folgst: www.youtube.com/watch?v=6Q6qHRHTTPg. Dort wirst du Zeuge der ersten Begegnung von Donkey mit dem Titelhelden Shrek. Es handelt sich dabei um einen Ausschnitt aus dem computeranimierten Kinofilm *Shrek – Der tollkühne Held* aus dem Jahr 2001. Die Geschichte basiert auf dem gleichnamigen Kinderbuch *Shrek!* des US-amerikanischen Autors William Steig. Darin wird die Geschichte eines gleichnamigen Fabelwesens erzählt, in die Motive zahlreicher anderer Märchen eingebaut wurden. Der von Eddie Murphy gesprochene redselige Esel Donkey avancierte sehr schnell zum Publikumsliebling. Bemerkenswert ist, dass die Produzenten des Films über das Internet nach einem echten Esel suchten, um dessen Bewegungen und Mimik genauestens zu studieren und diese auf die Computerfigur zu übertragen. Man wurde schließlich in dem kalifornischen Zwergesel Pericles fündig. Ob es ein Zufall ist, dass er den Namen eines der begabtesten Redner der griechischen Antike trug? (vgl. TV Movie 7/2007, S. 57) Die *Shrek*-Filme sind auf allen gängigen Streaming-Portalen verfügbar.

Der Goldesel ist einer der Stars der *Kinder- und Hausmärchen* der Gebrüder Grimm. Von seinen Abenteuern erfährst du im mittleren Teil des Märchens mit dem Titel *Tischchen deck dich, Goldesel und Knüppel aus dem Sack*, das in der Märchensammlung der Brüder Grimm an Stelle 36 geführt ist. Die zitierte Passage ist der von Christian Strich im Diogenes Verlag herausgegebenen Kompilation *Das große Märchenbuch* (Zürich 1987, Seite 237) entnommen.

Lucius, der goldene Esel des Apuleius: Ursprünglich hieß der erfolgreichste Roman des römischen Schriftstellers Apuleius (* um 123) wohl *Metamorphosen*, berühmt aber wurde er unter dem Titel *Der goldene Esel*. Nicht ohne Grund, denn der Erzähler des Romans, der sich selbst Lucius nennt, berichtet darin von seinen Abenteuern als verzauberter Esel. Wenn du seine lange und teilweise verschlungene Geschichte nachlesen möchtest, eignet sich dafür die im Insel Verlag erschienene und mit Illustrationen von Max Klinger versehene Übersetzung von August Rode (Apuleius: *Der goldene Esel*, Frankfurt/M. 1973). Der Text ist digital verfügbar unter: www.zeno.org/Literatur/M/Apuleius/Roman/Der+goldene+Esel. Bemerkenswerterweise wurde der charmante Anfangsteil von Apuleius Roman schon in der Antike plagiiert: Der populäre Autor Lukian von Samosata (* um 120) verfasste eine Satire mit dem Titel *Lucius oder der Esel*. Eine hübsche Ausgabe dieses Textes mit Illustrationen von H. Kley wurde um 1920 in der Georg H. Wigandschen Verlagsbuchhandlung in Leipzig veröffentlicht. Den Text findest du im Internet: https://de.wikisource.org/wiki/Lucius_oder_der_Esel.

Asinus Sapiens, der weise Esel des Agrippa von Nettesheim, ist eine pure Fiktion. Es gibt keinen Esel dieses Namens, wohl aber eine Eloge, die der Renaissance-Gelehrte Heinrich Cornelius, genannt Agrippa von Nettesheim (1486–1535), im 52. Kapitel seines Werkes über *Die Eitelkeit und Unsicherheit der Wissenschaften* unter dem Titel *Ad encomium asini digressio* (dt.: *Ein Zusatz vom Lobe des Esels*) veröffentlicht hat (Agrippa von Nettesheim: *Die Eitelkeit und Unsicherheit der Wissenschaften und die Verteidigungsschrift*. Band 2, München 1913, S. 181–187). Du kannst den Text aber auch im Internet nachlesen: www.zeno.org/Philosophie/M/Agrippa+von+Nettesheim/Ungewißheit+und+Eitelkeit+aller+Künste+und+Wissenschaften/CII.+Ein+Zusatz+vom+Lobe+des+Esels. Dort findest du auch die im Text wiedergegebenen Zitate.

Der Esel des Silenus ist vor allem aus der bildenden Kunst bekannt – kein Wunder, war es doch für die Maler aller Zeiten ein wunderbares Thema, einen alten, trunkenen Mann auf dem Rücken eines Esels darzustellen. Und alt war Silenus in der Tat, hatte ihn Zeus selbst doch schon vor langer, langer Zeit als Ziehvater seines Sohnes Dionysos eingesetzt. Seither war er aus dem Kreis der mythischen Wesenheiten rund um den Gott nicht mehr wegzudenken: stets beschwipst, haarig und kahlköpfig, mit einem Hängebauch, einer Stupsnase und – passend zu seinem bevorzugten Reittier – den Ohren und dem Schwanz eines Esels. Die wichtigsten literarischen Quellen dafür findest du bei Ovid (*Fasti* 3. 736 ff., *Metamorphosen* 4. 25 ff.).

Moro ist der Titelheld einer Serie von vier Kinderbüchern von Kurt Eigl, die in den frühen 1960er-Jahren im Forum Verlag in Wien erschienen sind: *Alle brauchen Moro, Moro auf dem Campingplatz, Moro geht auf Reisen* und *Moro im Zirkus*. Die bezaubernden Illustrationen stammen von Wilfried Zeller-Zellenberg. Das Zitat ist dem Band *Moro geht auf Reisen* entnommen. Heute sind die Bücher nur noch antiquarisch zu bekommen – aber es lohnt sich.

Benjamin spielt die männliche Hauptrolle in der ersten und einzigen Foto-Lovestory mit einem Esel. *Mein Esel Benjamin* ist 1968 im Hanns Reich Verlag erschienen. Der Text stammt von Hans Limmer, die Fotografien von Lennart Osbeck. Das 48 Seiten starke Buch ist durchgehend mit Schwarz-Weiß-Fotos illustriert. Es wurde in mehrere Sprachen übersetzt und insgesamt über zwei Millionen Mal verkauft. Die Titelheldin und Tochter des Autors wurde später Ärztin, während Benjamin seine Tage als Trageesel für Touristen auf seiner Heimatinsel Lesbos fristete. Gegenwärtig ist das Buch im Verlag FISCHER Sauerländer erhältlich.

Den Esel Asinarius gibt es nicht wirklich. Was es jedoch gegeben hat, ist eine inzwischen verlorene Handschrift aus dem 14. Jahrhundert, die den Titel *Asinarius* trägt. Dieser Text lag den Brüdern Grimm vor, als sie die deutschen *Kinder- und Hausmärchen* zusammenstellten. Und er gefiel ihnen offenbar so gut, dass sie sich dafür entschieden, ihn unter dem ins Deutsche übersetzten Titel *Das Eselein* an Stelle 144 in ihre Sammlung aufzunehmen. Zu großer Beliebtheit hat es das Märchen vom Eselein allerdings nicht gebracht. In den einschlägigen Märchenausgaben fehlt es – was schade ist, da es ein in der alten Literatur sehr beliebtes Motiv verarbeitet: die Sangeskunst der Esel. Denn tatsächlich gibt es eine ganze Reihe von Erzählungen, in denen singende Esel auftreten. So etwa bei Giambattista Casti in seinem epischen Gedicht *Die redenden Tiere*, wo der Esel zum Hofbarden der Königin ernannt wird (dazu: Gustav Michell: *Das Buch der Esel*, S. 46).

Aber so schön wie das Eselein bei den Gebrüdern Grimm singen nur die wenigsten. Und deshalb wollen wir den Makel seines fehlenden Namens dadurch wettmachen, dass wir ihn Asinarius nennen. Wenn du das Märchen vom singenden Esel im Originalwortlaut nachlesen willst, kannst du das bequem im Internet unter dem Link www.grimmstories.com/de/grimm_maerchen/das_eselein.

Das Eselchen Grisella ist der Titel einer Geschichte des deutschen Kinderbuchautors und Puppenspielers Heinrich Maria Denneborg. Die Zeichnungen stammen von Horst Lemke. Das Buch erschien im Jahre 1955 im Cecilie Dressler Verlag und wurde in 13 Sprachen übersetzt. Später wurde es als Taschenbuch in der Reihe dtv Junior aufgelegt (9. Auflage, München 2002). Gegenwärtig ist es nur noch antiquarisch erhältlich.

Platero: Es könnte sein, dass Juan Ramón Jiménez' Buch *Platero und ich* die poetischste Liebeserklärung ist, die je einem Esel gewidmet wurde. Eine schöne Taschenbauch-Ausgabe ist 1985 im Insel Verlag erschienen und wiederholt neu aufgelegt worden. Die Übersetzung stammt von Fritz Vogelsang, der auch einen Essay beigesteuert hat. Aus diesem Buch stammen die vielen Zitate, die dir einen Eindruck von Platero vermitteln sollen. Die Beschreibung seines Wesens findest du in Abschnitt 1 *Platero* (S. 9). Der Vergleich mit einem zärtlichkeitsbedürftigen Mädchen steht im Abschnitt 43 *Freundschaft* (S. 77). Die Liebeserklärung an den frisch gebadeten Platero ist dem Abschnitt 39 *Aglaia* entnommen (S. 69) und die Episode mit dem vertrauensseligen kleinen Mädchen dem Abschnitt 81 *Das kleine Mädchen* (S. 137). Und wenn du an Jiménez' tränenreichem Abschied von seinem grauen Freund teilhaben möchtest, dann solltest du den Abschnitt 136 *An Platero im Himmel von Moguer* lesen, in dem ihm der Autor das Buch widmet (S. 226.)

Die Geschichte von Modestine, der leidgeprüften Eselin, mit der Robert Louis Stevenson im Jahre 1878 die Cevennen durchquerte, kannst du nachlesen in der von Christoph Lenhartz besorgten und in den Editions La Colombe erschienen Ausgabe: Robert Louis Stevenson: *Reise mit dem Esel durch die Cevennen* (2017). Neben umfangreichen Anmerkungen enthält der Band den Essay *Fußwanderungen* sowie das Fragment *Eine Stadt in den Bergen Frankreichs*. Letzteres war von

Stevenson ursprünglich als Einleitung der Reise mit dem Esel vorgesehen. Abgeschlossen wird das Buch durch einen ausführlichen Anmerkungsapparat, der dem Leser den historischen und literarischen Kontext der Erzählung erschließt. Wenn du auf Modestines Spuren den *Stevenson-Trail* wandern willst, findest du zur ersten Orientierung einige Informationen auf den Webseiten www.cevennen.fr/stevenson.html und www.stevensonweg.de.

Patrick spielt die Hauptrolle in der französischen Filmkomödie *Mein Liebhaber, der Esel & Ich* (Originaltitel: *Antoinette dans les Cévennes*) von Caroline Vignal aus dem Jahr 2020. Einen Trailer findest du auf Youtube. www.youtube.com/watch?v=le3DOhBR3oA. Das *Lexikon des Internationalen Films* kommentiert: »Eine ebenso muntere wie sorgfältig inszenierte Komödie, die eine große Leichtigkeit besitzt, ohne dabei je trivial zu wirken. Neben den Naturschauwerten und einer ausgezeichneten Hauptdarstellerin zeichnet sich der Film über eine Selbstfindung auch durch die detailgenaue Erfassung der besonderen Sphäre des Wandertourismus aus.«

Der Kyllenische Esel des Giordano Bruno ist eine Kunstfigur aus einem Dialog des im Jahre 1600 als Häretiker verbrannten Mönchs, Wissenschaftlers und Philosophen Giordano Bruno. Das Stück trägt den Titel *Die Kabbala des Pegasus mit der Zugabe des Kyllenischen Esels* und kann im Internet nachgelesen werden in der Übersetzung von Ludwig Kuhlenbeck aus dem Jahr 1909: www.iliesi.cnr.it/AGB/testi_sql.php?tp=1&lk=KuhCabala&f=KuhCabala6-063.jpg&pt=. Dort findest du auf der Seite 70 dieser Ausgabe die im ersten Abschnitt zitierten Passagen aus Brunos Dialog. Die Promotionsansprache des Gottes Hermes befindet sich auf Seite 71. Eine neue Ausgabe dieses Werkes von Bruno ist als Book-on-Demand verfügbar im Boer Verlag: www.boerverlag.de/Bruno_Akten.html. Die ebenfalls zitierte Abhandlung von Nuccio Ordine über Giordano Bruno und die Philosophie des Esels ist in einer deutschen Übersetzung von Christine Ott im Wilhelm Fink Verlag erschienen (München 1999). Zitiert wird ferner aus dem Buch *Esel. Ein Portrait* von Jutta Person, erschienen in der Reihe *Naturkunden* bei Matthes & Seitz 2013 (S. 98 f.).

Die Illustratorin

Martha Quarch (*2005) arbeitet als freischaffende Illustratorin und Zeichnerin.

Der Autor

Dr. Christoph Quarch (*1964) ist Philosoph, Autor, Redner, Platon-Experte und Denkbegleiter. Er berät Unternehmen, unterrichtet an verschiedenen Hochschulen und veranstaltet Philosophiereisen. Mit seiner SWR-Radiokolumne »Der Frühstücks-Quarch« sowie mit seinen Podcasts, Artikeln und Büchern erreicht er ein breites Publikum im gesamten deutschsprachigen Raum. Im Jahr 2020 initiierte und gründete er die Neue Platonische Akademie (akademie_3.org) zur Entwicklung eines geistigen Paradigmas für das digitale Zeitalter.

Impressum

Wacher Geist und fester Schritt

The Donkey School for Leadership

2. Auflage, 2025

Autor

Dr. Christoph Quarch *www.christophquarch.de*

Buchidee und Projektumsetzung: Christine Teufel

Illustrationen: Martha Quarch

Buchgestaltung: Björn Pollmeyer

Lektorat: Paul Kaltefleiter

Korrektorat: Paul Kaltefleiter, Tim Becker

FSC
www.fsc.org
MIX
Papier aus verantwortungsvollen Quellen
FSC® C014138

Gedruckt in der Europäischen Union, Finidr, CZ

Ein Imprint der Kraterleuchten GmbH,
Gartenstraße 3, 54550 Daun
Verlagsleitung: Sven Nieder

Bei Fragen zur Produktsicherheit wenden Sie sich an:
info@kraterleuchten.com

ISBN 978-3-948206-14-7

www.legenda-Q.de